大人のための暗算力

がくえん理数進学教室
鍵本聡

イラスト／ムロフシカエ
カバーデザイン・本文DTP／平岡省三

はじめに

暗算がさっとできたら、
どんなに気持ちがいいでしょう！

　普通に生活しているときに、いきなり現れる「暗算の壁」。
　これをひょい、っと乗り越えることができたら、どんなに毎日の生活が楽になるでしょう！
「暗算の壁」というのは不思議なもので、乗り越えるまでは大きな壁に見えるのに、乗り越えてしまったらとても簡単に見えるものです。
　それは小学校の算数だけじゃなく、中学校や高校で習う複雑な計算も、あるいは大学やそれ以上の研究で出現する難解な理論も、すべていっしょです。
　ひとことで言うと、気の持ち方しだいで「暗算の壁」は高くなったり低くなったりするのです。
　ある「暗算の壁」を一度経験しておくと、それとよく似た「暗算の壁」も低く見えるようになります。そうなればしめたもの。
　日常生活でさまざまな暗算シーンを経験することで、どんどん「暗算の壁」が低くなるはずです。
　これが本書のテーマでもある「暗算力」です。「暗算力」とは、次々に現れる暗算シーンを１つ１つ着実に乗り越えていくことで、それとよく似た「暗算の壁」をひょい、っと乗り越える

力なのです。

　本書では、暗算ができずに失敗ばかりしているOL、暗算ゆめ子さんが、すこしずつ暗算の壁を乗り越え、ウキウキな生活を送るようになるまでの道のりが描かれています。

　ゆめ子さんが、具体的に日常生活で暗算を使うようなケースを紹介するので、読者のみなさんも「暗算の壁」を擬似的に経験してみませんか？

　そのすれば、実際に日常生活を送っているときに突然現れる「暗算の壁」を、ひょい、っと楽に乗り越えられるようになるでしょう。つまり「暗算力」とは、スポーツで例えると走ることのようなものです。どんなにシュートやパスの技術が高くても、走ることが苦手な選手は苦戦します。スポーツにおける走ること、とは、日常生活における「暗算力」なのです。

　本書が読者のみなさんの「暗算力」をすこしでも向上させることができれば、これほど嬉しいことはありません。

　最後になりましたが、本書の実現に向けてさまざまな面でお世話になった古川朋弥さん、イラストレーターのムロフシカエさんには感謝の気持ちでいっぱいです。

鍵本聡

暗算ゆめ子の1週間
ダメダメ編

月曜日 仕事帰りに買い物（生鮮食品、日用品など）
欲しいものをテキトーに選んだら、
お金が足りるか分からずレジ前でヒヤヒヤ…　　P.32へ→

火曜日 仕事（残業アリ♡）
お金の徴収、チケット手配、
電卓がないと不便なことだらけの1日　　P.54へ→

水曜日 寄り道DAY！　本屋etc.
バックやお財布の中身を整理。
最近金遣いが荒いのかも。お札が1枚足りないわ…　　P.80へ→

木曜日 のぞみとお茶
コンサートに誘われた。給料日前だったらどうしよう！　　P.98へ→

金曜日 飲み会！！！
お会計に手間取り、
レジ前は大混雑。
幹事は二度と
ゴメンだわ…　　P.122へ→

土曜日 買い物に行く
家電ショップで電子レンジを購入。
13％還元ってどういう意味？　　P.152へ→

日曜日 自宅でのんびり…　ストレッチ、散歩etc.
体重計に乗ったら、2年前に比べて
3kg増えていた。ダイエットしたほうがいいのかしら？　　P.180へ→

セールの割引率に、飲み会のお勘定etc.暗算ができないと上手くいかないことがたくさん。暗算で解決できたら、毎日もっと楽しく過ごせると思うのに。

大人のための暗算力 目次

はじめに …………………………………………………………………… 3

月曜日　レジ前で慌てない！　暗算は買い物の友

1個あたりの値段が分かる?!　5の使い方① …………………… 10
思いつきが肝心！　割引後の商品価格とは… ………………… 14
ミネラルウォーターを1ダース買う場合　〜ある程度のかけ算は暗記してしまおう〜 … 20
カゴの中身は合計いくら？ ……………………………………… 32

火曜日　職場や旅先で大活躍！　オモシロ暗算

集金係の助っ人　「十和一等」と「一等十和」 ………………… 42
数の変形がカギ！　5の使い方②　〜計算視力と計算空間〜 … 50
電卓がない！ときの計算法　〜和差積のパターン〜 ………… 54
目的地まで何分かかる？ ………………………………………… 62

水曜日　計算ミスは、想像力でカバーする

税込み価格から消費税を知るには？ …………………………… 70
レシート計算のコツは足し算前の相性チェック ……………… 76
もう間違えない！　おつりの計算 ……………………………… 80
　コラム　投資を比較してみると…自分に合ったお金の運用とは？ … 89

木曜日　暗算が、ステキな時間をプロデュース

3ヵ月後の最終金曜日は何月何日？ ……… 98
あと何時間でサッカーが始まる？ ……… 106
ゆっくり買い物できるパーキングはどちら？ ……… 112

金曜日　暗算は、みんなに好かれるゴキゲンツール

割り勘を科学する①　〜仲間に好かれるキャッシュバック〜 ……… 122
割り勘を科学する②　〜男女比をどうするか〜 ……… 128
トランプゲームの成績をぱぱっと計算 ……… 132

土曜日　ピンとくればよしとする。ざっくり概算とは？

お気に入りミュージシャンのアルバムは合計何分？ ……… 144
13％還元って結局いくらぐらいお得？ ……… 152
坪数をメートルで換算する方法　〜正方形なら1辺何メートル？〜 ……… 158
コラム　ギャンブルについて考えてみよう ……… 167

日曜日　暗算力は世代を越える!?

おじいちゃんの年齢をピタリと当てよう ……… 174
BMI値をどう計算する？ ……… 180

BMI 早見表 ……… 187
19 × 19 の計算シート ……… 190

月曜日

レジ前で慌てない！
暗算は買い物の友

1個あたりの値段が分かる?!
5の使い方①

ゆめ子さんが帰宅途中に買い物をするスーパーで5箱パック238円のティッシュペーパーを売っていました。1箱あたりの値段はいくらでしょう？

ひとことで言うと238円÷5をさっと計算したいということです。暗算だと意外と難しいでしょ？
　実は、5をかけたり5で割ったりするときには

$$5 = 10 \div 2$$

ということを覚えておくと簡単に計算ができます。つまり、

$$\begin{aligned}238 \div 5 &= 238 \div (10 \div 2) \\ &= 238 \div 10 \times 2 \\ &= 238 \times 2 \div 10 \\ &= 476 \div 10 \\ &= 47.6\end{aligned}$$

となり、答えは1箱あたり47.6円（47円60銭）ということが分かります。

すなわち「5で割るときは、2倍してから10で割る」と、問題文を置き換えることでパパッと計算できるわけです。

　同じように1箱172円のお菓子を5箱買う場合の置き換えは、

$$172 \times 5 = 172 \times (10 \div 2)$$
$$= (172 \div 2) \times 10$$
$$= 86 \times 10$$
$$= 860$$

となり、答えは860円になります。
　すなわち「5倍するときは、2で割ってから10倍する」と素早く計算ができます。
　5の使い方についてまとめを書いておくと

5で割るときは、2をかけて10で割るとよい。
5倍するときは、2で割ってから10倍するとよい。

練　習　問　題

1 次の計算を暗算しましょう。

156÷5＝
238÷5＝
392÷5＝
636÷5＝

2 次の計算を暗算しましょう。

156×5＝
238×5＝
392×5＝
636×5＝

3 7280円の本を5人でお金を出し合って買いたいとき、いくらずつ負担すればよいでしょう？

4 1つ538円のお弁当を5つ注文しました。合計でいくら支払えばよいでしょう？

思いつきが肝心!
割引後の商品価格とは…

252円の切り身魚が25％引きで売られていました。割引後の値段はいくらになるでしょう？

25％引きというのは、

「定価の75％はいくらですか？」

と考えましょう。

　しかし、これをそのまま暗算で計算するのは難しいですね。実は $0.75 = \frac{3}{4}$ であることを知っていると、

$$
\begin{aligned}
252 \times 0.75 &= 252 \times \left(\frac{3}{4}\right) \\
&= (252 \div 4) \times 3 \\
&= 63 \times 3 \\
&= 189
\end{aligned}
$$

となり答えは189円となります。

要するに、25%とか75%という数字を聞いて「$\frac{1}{4}$」とか「$\frac{3}{4}$」をすぐに思いつくかどうか、がポイントです。
そこで、重要な小数と分数の変換をまとめてみましょう。

$0.05 = \frac{1}{20}$

$0.15 = \frac{3}{20}$

0.25 $= \frac{1}{4}$

$0.35 = \frac{7}{20}$

$0.45 = \frac{9}{20}$

$0.55 = \frac{11}{20}$

$0.65 = \frac{13}{20}$

0.75 $= \frac{3}{4}$

$0.85 = \frac{17}{20}$

$0.95 = \frac{19}{20}$

$$0.2 = \frac{1}{5}$$

$$0.4 = \frac{2}{5}$$

$$0.6 = \frac{3}{5}$$

$$0.8 = \frac{4}{5}$$

$$0.125 = \frac{1}{8}$$

$$0.375 = \frac{3}{8}$$

$$0.625 = \frac{5}{8}$$

$$0.875 = \frac{7}{8}$$

少数と分数の変換を使い、もう1問練習してみましょう。

355円の豚肉が40%引きで売られています。
いくらになるでしょう？

これも、355円×0.6がスラっと計算できればよいので、先ほどまとめた分数を用いて計算すると…

$$355 \times 0.6 = 355 \times \left(\frac{3}{5}\right)$$
$$= (355 \div 5) \times 3$$
$$= 71 \times 3$$
$$= 213$$

答えは213円となります。

練 習 問 題

5 次の計算をできるだけ速く暗算してみましょう。

548×0.25＝
385×0.8＝
224×0.625＝

6 360円のジュースが25％引きで販売されていました。値段はいくらになるでしょう？

ミネラルウォーターを
1ダース買う場合
~ある程度のかけ算は暗記してしまおう~

180円のミネラルウォーターを1ダース(12本)買うといくらになる？

もし「90円のパック牛乳を半ダース（6本）買うといくらになる？」という問題なら、みなさん暗算で答えを出すでしょう。九九で覚えている通り540円、というのが答えです。
　ところが、値段がすこし上がって2桁のかけ算になるだけで、とたんにお手上げ、という人が結構います。

　これは、小学校の算数教育の基本方針が「1桁のかけ算は九九で暗記、2桁のかけ算は筆算か電卓を使いましょう」という考え方で一貫しているからです。
　しかし、実際に買い物をするときは（0を除いて）2桁の値段のものを買い物することもあれば、2桁の個数、同じものをいくつも買い物することだってありますよね。
　ですから、よく出てくる2桁のかけ算も、九九と同じくある程度暗記してしまうのは有意義なことだと言えます。実際に計算の達人は、大抵の主要なかけ算の答えを暗記しています。
　例えば、この場合18×12を計算するわけですが、達人はこの答えが216であることを暗記しているので、この問題の答え、2160円には2秒ほどでたどり着くことができるので

す。傍から見ているとすごく計算が速いように見えるのですが、実は特に種も仕掛けもありません。普段からこういう答えを何度も口に出していればすぐに覚えることができます。

　また、2乗の計算は後に出てくる「和差積のパターン」でも使われます。これを覚えていれば、別の難しいかけ算も一瞬で解くことができます。

　そこで、ここでは九九以上の計算をある程度紹介しましょう。特によく出てくる計算結果には「☆」マークをつけ、巻末の190ページには19×19のかけ算をまとめた表を掲載しています。部屋の片隅やトイレのドアに貼っておいてもいいかもしれません。ぜひ活用してみてください。

１１の段

　１１は暗算がしやすい数ですが、この２つは重要なので暗記してください。

☆　11×11＝121
☆　11×12＝132

１２の段

　１２の段は非常に重要です。というのも $12 = 3 \times 2^2$ なので、難しいかけ算の変形で何度も出てくる数字だからです。また、時間や角度などは基本単位がすべて 12 の倍数なので、とても基本的な数になります。

☆　12×2＝24
☆　12×3＝36
☆　12×4＝48
☆　12×5＝60
☆　12×6＝72
☆　12×7＝84
☆　12×8＝96

☆ 12×9=108
☆ 12×10=120
☆ 12×11=132
☆ 12×12=144
　 12×13=156
　 12×14=168
☆ 12×15=180
☆ 12×16=192
　 12×17=204
☆ 12×18=216

13の段

13の段は答えが2桁のものだけ覚えておくとよいでしょう。

☆ 13×2=26
☆ 13×3=39
☆ 13×4=52
☆ 13×5=65
☆ 13×6=78
☆ 13×7=91

１４の段

７の倍数は意外と出現頻度が高いので要注意です。

☆　　$14 \times 2 = 28$
☆　　$14 \times 3 = 42$
☆　　$14 \times 4 = 56$
☆　　$14 \times 5 = 70$
☆　　$14 \times 6 = 84$
☆　　$14 \times 7 = 98$
☆　　$14 \times 8 = 112$
☆　　$14 \times 9 = 126$

毎日少しずつ覚えるのが暗算力UPの近道よ!!

１５の段

時間や角度など、１５の倍数は日常生活で頻繁に使われているので、１５の段は非常に重要です。

☆ 15×2=30
☆ 15×3=45
☆ 15×4=60
☆ 15×5=75
☆ 15×6=90
☆ 15×7=105
☆ 15×8=120
☆ 15×9=135
☆ 15×10=150
☆ 15×11=165
☆ 15×12=180
　 15×13=195
☆ 15×14=210
☆ 15×15=225
☆ 15×16=240

16 の段

16 = 2^4 なので、16 の段も非常に重要です。

- ☆ 16 × 2 = 32
- ☆ 16 × 3 = 48
- ☆ 16 × 4 = 64
- ☆ 16 × 5 = 80
- ☆ 16 × 6 = 96
- ☆ 16 × 7 = 112
- ☆ 16 × 8 = 128
- ☆ 16 × 9 = 144
- ☆ 16 × 10 = 160
-    16 × 11 = 176
- ☆ 16 × 12 = 192
-    16 × 13 = 208
-    16 × 14 = 224
- ☆ 16 × 15 = 240
- ☆ 16 × 16 = 256

17の段

答えが2桁のものだけ覚えれば充分です。

- ★ 17×2＝34
- ★ 17×3＝51
- ★ 17×4＝68
- ★ 17×5＝85

あと少し!!

18 の 段

こちらは $18 = 2 \times 3^2$ なので非常に重要です。

特に答えが 100 を超えるものは、筆算だと時間がかかるため暗記が力を発揮します。

☆ 18×2＝36
☆ 18×3＝54
☆ 18×4＝72
☆ 18×5＝90
☆ 18×6＝108
☆ 18×7＝126
☆ 18×8＝144
☆ 18×9＝162
☆ 18×10＝180
　 18×11＝198
☆ 18×12＝216

１９の段

答えが 2 桁のものだけ覚えれば充分です。

☆ 　１９×２＝３８
☆ 　１９×３＝５７
☆ 　１９×４＝７６
☆ 　１９×５＝９５

練 習 問 題

7 巻末の表の隣に、重要な部分を空欄にした表があります。スラスラと言えるよう、何度も練習してみましょう。

カゴの中身は合計いくら？

ゆめ子さんが選んだ商品の合計金額は大体いくらでしょう？
さっと答えてください。

のど飴	198円
キャベツ	168円
にんじん	198円
ピーマン	128円
なすび	158円
豆腐	128円×3丁
豚肉	398円
牛乳	198円
ジャム	118円

お買い物をするときに、さっと計算ができるといいですよね。例えばレジで金額を言われてからお金を出すのではなく、先にお金を用意できたり、あるいは思っていた金額とレジで言われた金額が違っていることでレジの打ち間違いに気づくことができたり、便利なことが多いものです。

　学校での教育は、どうしても正確を期するあまりに1円単位まで計算することを教えがちですが、実生活においては、大まかだけど速い計算が必要な場合も多いのです。

　そこで、複数の数字を大まかに足し算する際にとても便利な**「まんじゅう数え上げ方式」**を練習しましょう。

　「まんじゅう数え上げ方式」とは、複雑な数字を頭の中で「まんじゅう」に置き換えて、そのまんじゅうの数を数え上げていく方法です。正直、お金を1円単位まで計算するのは面倒ですが「おまんじゅうが何個あるか？」だったら、結構簡単な気がするでしょ？

　別にまんじゅうでなくても構いません。本当はなんでもいい

のですが、なんとなくまんじゅうなら足し算が簡単そうなので、筆者はこう呼んでいます。

　この問題の場合は、100円を1個のまんじゅうと換算しましょう。

のど飴	198円	○○
キャベツ	168円	○○
にんじん	198円	○○
ピーマン	128円	○
なすび	158円	○
豆腐	128円×3丁	○○○○
豚肉	398円	○○○○
牛乳	198円	○○
ジャム	118円	○

　まんじゅうは20個あるので**「2000円ぐらいかな」**という結論になります（実際の合計金額は1948円）。

　ここでは「豆腐　128円×3丁」をまんじゅう4個に置き換えていますが、これは少し難しいかもしれません。

　つまり、128円の豆腐1丁を「まんじゅう1個」と考えると、豆腐3丁ではまんじゅう3個になります。ですが、豆腐の値段を130円と考えて、130円×3丁＝390円とすると「まんじゅう4個」とするのが妥当かもしれません。

ただ、「どっちにしようかな…」と考えるとまた問題が面倒になりますので、こういうときは

適当にどちらかを選ぶのが重要なのです。

どちらでもそんなに変わりません。大抵、計算に時間がかかる人は、こういう些細なところで悩む傾向があります。

つまり少しぐらい誤差が大きくてもいいから、**即断することも時には重要**だということです。

ともかく、面倒そうな足し算をするときに活躍する考え方です。他のページにも登場するので、ぜひこの「まんじゅう数え上げ方式」に慣れていただければと思います。

練習問題

8 次のお買い物をしました。
合計金額は大体いくらでしょう？

ハンドソープ　176円×4個
シャンプー　　378円
健康サンダル　398円
歯磨き粉　　　298円

9 いくつかの訪問先を訪れるために、電車とバスを何度も乗り継いで次のような移動をしました。交通費は合計でいくらぐらいになるでしょう？

近鉄　：学園前～なんば　　430円
地下鉄：なんば～梅田　　　230円
阪急　：梅田～甲東園　　　260円
バス　：甲東園～JR西宮　　210円
JR　　：西ノ宮～大阪　　　290円
地下鉄：東梅田～天満橋　　200円
京阪　：天満橋～京橋　　　150円
JR　　：京橋～鶴橋　　　　160円
近鉄　：鶴橋～学園前　　　430円

練習問題の答え

1
156 ÷ 5 = 31.2
238 ÷ 5 = 47.6
392 ÷ 5 = 78.4
636 ÷ 5 = 127.2

2
156 × 5 = 780
238 × 5 = 1190
392 × 5 = 1960
636 × 5 = 3180

3
7280 ÷ 5 = 1456
1456円ずつ負担すればよい。

練 習 問 題 の 答 え

4
538 × 5 = 2690
2690円支払えばよい。

5
　548 × 0.25
= 548 ÷ 4
= 137

　385 × 0.8
= 385 × 4 ÷ 5
= (385 ÷ 5) × 4
= 77 × 4
= 308

　224 × 0.625
= 224 × 5 ÷ 8
= 28 × 5
= 140

❻　360 × 0.75
　= 360 × 3 ÷ 4
　= 90 × 3
　= 270
　　270円

❼　190ページにある 19 × 19 の計算シートを
見ましょう。

❽　ハンドソープ　176円×4　○○○○○○○
　　シャンプー　　　378円　　○○○○
　　健康サンダル　398円　　○○○○
　　歯磨き粉　　　298円　　○○○

100円を1個のまんじゅうと換算すると、
まんじゅうは18個あるので
大体1800円になる。

練習問題の答え

9

近鉄	：学園前〜なんば	430円	○○○○
地下鉄	：なんば〜梅田	230円	○○
阪急	：梅田〜甲東園	260円	○○○
バス	：甲東園〜JR西宮	210円	○○
JR	：西ノ宮〜大阪	290円	○○○
地下鉄	：東梅田〜天満橋	200円	○○
京阪	：天満橋〜京橋	150円	○○
JR	：京橋〜鶴橋	160円	○○
近鉄	：鶴橋〜学園前	430円	○○○○

100円を1個のまんじゅうと換算すると、
まんじゅうは24個あるので
合計2400円ぐらいになる。

火曜日

職場や旅先で大活躍！
オモシロ暗算

「15910円よね！電卓なくてもわかるわ！」

集金係の助っ人
「十和一等」と「一等十和」

ゆめ子さんの職場で780円の本を38人の人が購入しました。全員から代金を徴収すると合計金額はいくらになるでしょう？

もちろん780円×38を計算したいのですが、こういった計算を電卓を使わずに計算するのは結構面倒です。

　しかし、ある条件を満たしていれば簡単にかけ算をすることができる場合があります。そういう術をたくさん知っていればいるほど、暗算でこうした計算を瞬時に導き出せる確率がグンと高くなるのです。
　78×38は、次の2つの条件を満たしています。

1の位が等しい。
10の位を足すと10になる。

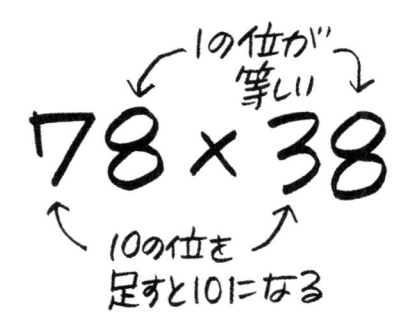

　　　　　　　　1の位が
　　　　　　　　等しい
　　　　78 × 38
　　　10の位を
　　　足すと10になる

　この2つの条件を**「十和一等」**と呼ぶことにします。
　この「十和一等」の条件を満たしていれば、次の計算法を使うことができます。

78 × 38 = ?

❶ 10の位をかけて、そこに1の位の数を足す。この場合は、

$$78 \times 38 = ?$$
$$7 \times 3 + 8 = 29$$

❷ 1の位どうしをかけて、手順1で出た答えにくっつける。ただし、1の位どうしの積が1桁の場合、左側に0をつけて2桁にする。

この場合、❶で求めた答えである29の右側に
8 × 8 = 64 をくっつけて、2964が答え。すなわち、

$$780円 \times 38人 = 29640円$$

となります。
同様に42 × 62を計算してみましょう。

❶ 4×6+2=26
❷ 2×2=4

4は1桁なので、左側に0をつけて「04」とします。

よって 42 × 62 + 2 = 2604 になります。

では、870円の本を83人で買う場合ならどうでしょう？
87 × 83 のかけ算は先ほどと違って次の2つの条件を満たしています。

10の位が等しい。
1の位を足すと10になる。

この2つの条件を「十等一和」と呼ぶことにします。
そして「十等一和」の条件を満たしていれば、次の計算法を使うことができます。

↙10の位が↙
等しい
87 × 83
↖1の位を↗
足すと10になる

「10の位と1の位をチェックね」

職場や旅先で大活躍！ オモシロ暗算

87 × 83 = ?

❶ 10の位の数字と、その数字に1を加えたものをかける。
　この場合だと、8 × 9 = 72
❷ 1の位どうしをかけて、手順1で出た答にくっつける。
　ただし、1の位どうしの積が1桁の場合、左側に0をつけて2桁にする。

$$87 \times 83 = ?$$
$$8 \times (8+1) = 72 \quad 7 \times 3 = 21$$

この場合だと、21の右側に❷で求めた答えをつけると
7221が答えになり、

$$870円 \times 83人 = 72210円$$

となります。
では、71 × 79 を計算してみましょう。

　❶ 7 × 8 = 56
　❷ 1 × 9 = 9

9は1桁なので、左側に0をつけて「09」とします。

よって、71 × 79 = 5609 になります。
まとめを書いておきましょう。

🔑　**「十和一等」**のパターンは、
10の位の2数をかけて
1の位を足したものに、
1の位の積をくっつける。

🔑　**「十等一和」**のパターンは、
10の位の数とそれに1を加えたもの
をかけ算して、
1の位の積をくっつける。

練　習　問　題

10 次の計算を暗算しましょう。

15×95＝
84×24＝
67×47＝
39×79＝

11 次の計算を暗算しましょう。

82×88＝
34×36＝
75×75＝

12 58円のお菓子を52人の子供に配ります。合計いくらかかるでしょう？

13 790円のお弁当を39人分注文しました。合計いくら支払えばよいでしょう？

数の変形がカギ！
5の使い方②
~計算視力と計算空間~

ゆめ子さんの職場で、入場料350円の博物館のチケットを120人分手配することになりました。合計でいくら支払えばよいでしょう？

入場料や商品の定価などは5の倍数であることが多いので、そんなときに使えるとっておきの計算法をお教えしましょう。
　要するに　35×12をさっと計算したいのですが、その際に使うのが「(偶数)×(5の倍数)」のパターンです。
　このパターンのかけ算を暗算したいときには、次の変形を頭の中で行えばラクに答えが出てきます。
　その変形とは、
「(5の倍数)に(偶数)の中の2だけを先にかけてやる」
というものです。

　具体的には次のように頭の中で変形をします。
　12は偶数なので(2×6)と変形します。そして、そのうちの2だけを先に35にかけてやるのです。
　すなわち、

$$35 \times 12 = 35 \times (2 \times 6)$$
$$= 70 \times 6$$
$$= 420$$

　最初に除いていた0を2つくっつけて、答えは42000円になります（ここでは説明のためにゆっくり変形しましたが、慣れると1～2秒でできるようになります）。
　もう1つ問題を考えてみましょう。

電車の運賃が460円の区間を15人で移動します。
運賃は全員でいくらでしょう？

この場合は46を変形します。

$$46 \times 15 = (23 \times 2) \times 15$$
$$= 23 \times 30$$
$$= 690$$

690に最初に除いた0をくっつけて、
6900円が答えになります。

　このように頭の中で計算式を簡単な別の計算式に変形していく能力を「計算視力」と呼んでいます。「視力」とついていますが、目がいいとか悪いとか、そういう能力ではありません。あくまでも、目で見ているだけで計算をせずに式を変形するのでこの呼び名をつけました。また、この変形をする頭の中の空間を「計算空間」と呼ぶことにしています。
「計算空間」とは、ひとことで言うと「数や式を頭の中に覚えておく、一時的な記憶領域」です。この計算空間が広い人は、このようなかけ算に限らず色々な意味で有利です。例えばさらっと聞いた電話番号を覚えておいたりするのにもこの計算空間を使います。

ぜひ計算問題をたくさんこなして、計算空間を広げていただきたいと思います。

練習問題

14 次の計算を暗算してみましょう。

56×25＝
16×55＝
45×16＝

15 2620円の教科書を15冊購入しました。支払い金額は合計でいくらでしょう？

16 1つ550円のお弁当を14個注文しました。合計でいくら支払えばよいでしょう？

電卓がない!ときの計算法
～和差積のパターン～

ゆめ子さんは、運賃430円の乗車券を37人分まとめて購入することになりました。合計でいくら支払えばよいでしょう？

この場合、43×37の計算をすぐにできればいいのですが、頭の中ではなかなかうまく変換できません。
　この2つの数字、43と37をよく見ると、実は40から3を足したものと引いたものであることに気がつきます。

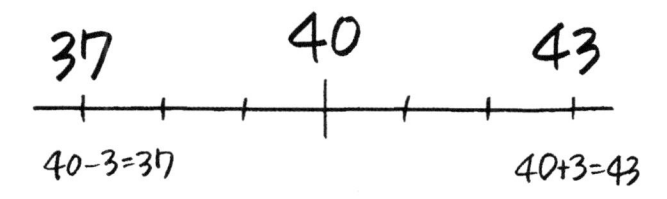

```
  37           40           43
――┼――┼――┼――┼――┼――┼――
 40-3=37                40+3=43
```

　このように、2数をその真ん中の数からの和と差として捉えることによって、中学校で習った次の公式が適用できます。

$$(a+b)(a-b) = a^2 - b^2$$

（同じ数、同じ数）

例えば、

$$(5+3) \times (5-3) = 5^2 - 3^2$$
$$= 25 - 9$$
$$= 16$$

よって、答えは16になります。

この公式を使うかけ算を「和差積のパターン」と呼ぶことにします。
　すると、先ほどの43×37は、

$$43 \times 37 = (40+3) \times (40-3)$$
$$= 40^2 - 3^2$$
$$= 1600 - 9$$
$$= 1591$$

というふうに、簡単に暗算することができるのです。
　ですから、この問題の答えは15910円になります。

この和差積のパターンは非常に強力です。
　というのも、どんなかけ算の2数にも平均があるわけですから、その平均が簡単なときには、大抵の場合、和差積が使えるからです。

　例えば16×24でも、16と24の真ん中が20なので、

$$16 \times 24 = 20^2 - 4^2$$
$$= 400 - 16$$
$$= 384$$

という感じで、計算ができます。

さらには次のような応用もすることができます。

27×34＝？

これは「もしも 27 × 33 だったらいいのにな」ということに気づけば、和差積のパターンに持ち込みます。すなわち、27 と 33 の平均は 30 であることを利用したいので、34 を（33 + 1）に分解して、自力で簡単な式に変形していきます。

$$\begin{aligned} 27 \times 34 &= 27 \times (33+1) \\ &= 27 \times 33 + 27 \\ &= (30+3)(30-3) + 27 \\ &= 30^2 - 3^2 + 27 \\ &= 900 - 9 + 27 \\ &= 918 \end{aligned}$$

となります。

すこし複雑ですが、こちらもすこし練習すればすぐにできるようになります。このように強引に和差積のパターンに持ち込む手法を「和差積への持ち込み」と呼ぶことにします。

練　習　問　題

17 次の計算を暗算しましょう。

17×23＝
35×25＝
46×54＝

18 次の計算を暗算しましょう。

23×18＝
32×29＝
59×62＝

19 450円の教科書を55冊購入しました。
支払い金額は合計でいくらでしょう？

20 1つ580円のお弁当を63個注文しました。
合計でいくら支払えばよいでしょう？

目的地まで何分かかる?

ある日のこと、ゆめ子さんは家族と親戚の家までドライブに出かけました。そして、運転中に「目的地まであと8km」という表示を見つけました。
時速60kmで走っている場合、およそ何分かかるでしょう? 時速90kmならどうですか?

ドライブしてるときの時速って、一般の広い道なら大体時速30km〜60kmで走っている人が多いのではないでしょうか？

　もちろん、高速道路だともっと速くて時速90kmぐらいかもしれません。また道路状況や時間帯による違いもあるでしょう。

　ところで「8kmを時速60kmで走ったら何分かかるでしょう？」などという問題を普通に解くのは、結構面倒なことだと思いませんか？　というのも、「分」で答えるために、速度や時間を分数や小数に置き換えて計算しなくてはならないからです。

　ましてや時速90kmなどと言われると、暗算ではとても太刀打ちできそうにありません。

　しかし、ここで紹介する方法を覚えておくと、意外と簡単に解くことができます。

　実は時速60kmというのは、計算にとっては非常に都合がいい速度です。

　というのも、1時間＝60分なので

「時速60km」とは「分速1km」と同じ

ことだからです。

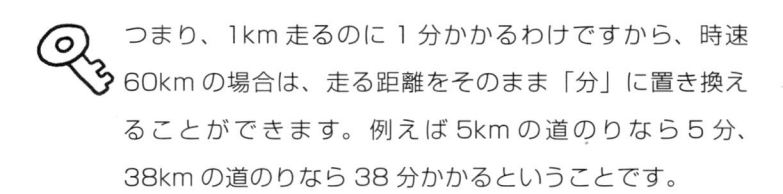

> つまり、1km走るのに1分かかるわけですから、時速60kmの場合は、走る距離をそのまま「分」に置き換えることができます。例えば5kmの道のりなら5分、38kmの道のりなら38分かかるということです。

よって、「目的地まであと8km。時速60kmで何分かかる？」の答えは、そのまま「8分」と答えればよいのです。

これなら簡単ですよね？

では時速90kmはどうやって考えるとよいでしょう？

これも時速60kmを参考にします。時速60kmで8分かかるわけですから、時速90kmだと、もっと早く着きます。

つまり、速度と時間は「反比例」の関係にあり速度が($\frac{b}{a}$)倍になると、かかる時間は($\frac{a}{b}$)倍になるということです。

速度が($\frac{90}{60}$)＝($\frac{3}{2}$)倍になるので、かかる時間はその逆数の($\frac{2}{3}$)倍になります。

すなわち、

$$8 \times (\frac{2}{3}) = (\frac{16}{3})$$
$$≒ 5.3$$

より大雑把に言って5分半ぐらいで到着することになります。いかがですか？

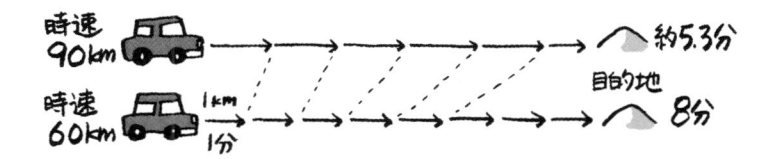

時速90km　→ → → → → 約5.3分
　　　　　　　　　　　　　目的地
時速60km　1km→ → → → → → 8分
　　　　　1分

練習問題

21 時速45kmで12kmを走ります。
およそ何分かかるでしょう？

22 時速80kmで25kmを走ります。
およそ何分かかるでしょう？

練習問題の答え

10
15 × 95 = 1425
84 × 24 = 2016
67 × 47 = 3149
39 × 79 = 3081

11
82 × 88 = 7216
34 × 36 = 1224
75 × 75 = 5625

12
58 × 52 = 3016
3016円かかる。

13
79 × 39 = 3081
30810円支払えばよい。

14
56 × 25 = 28 × 50 = 14 × 100 = 1400
16 × 55 = 8 × 110 = 880
45 × 16 = 90 × 8 = 720

(15) 262 × 15 = 131 × 30 = 3930
よって、合計 39300 円。

(16) 55 × 14 = 110 × 7 = 770
7700 円支払えばよい。

(17) 17×23＝(20−3)×(20+3)＝400−9＝391
35×25＝(30+5)×(30−5)＝900−25＝875
46×54＝(50−4)×(50+4)＝2500−16＝2484

(18) 23×18＝22×18+18＝400−4+18＝414
32×29＝31×29+29＝900−1+29＝928
59×62＝59×61+59＝3600−1+59＝3658

(19)   45 × 55
= (50 − 5) × (50 + 5)
= 2500 − 25
= 2475
　24750 円になる。

練習問題の答え

20
58×63
$= 58 \times 62 + 58$
$= 3600 - 4 + 58$
$= 3654$
36540円支払えばよい。

21 時速60kmなら12分なので
$12 \times (\frac{4}{3}) = 16$
およそ16分かかる。

22 時速60kmなら25分かかるので
$25 \times (\frac{3}{4}) = 75 \div 4 = 18.75$
およそ19分かかる。

水曜日

計算ミスは、想像力でカバーする

税込み価格から
消費税を知るには?

写真集を買おうと書店に立ち寄ったゆめ子さん。定価が3500円と3600円の商品を選び、どちらか1冊を買うことになりました。1冊あたりの5%税込みの消費税額、および税抜き価格はいくらでしょう?

消費税が抜きの価格表示が多かった頃は、5％＝$\frac{1}{20}$だったので、定価を20で割ったものが消費税、それを表示価格に足せば実際に支払う金額が分かりました。

　この5％＝$\frac{1}{20}$という数字は、非常に計算がしやすく、2で割るという計算さえできれば、すぐに暗算で消費税額が計算できたものです。

　しかし最近は内税方式、すなわち表示の定価に消費税額がすでに足されているので、自分がいったいいくらの消費税を払っているのか、なかなか分かりづらいものです。

　そこで、ここでは5％の消費税額をすぐに計算できる、とっておきの計算法を伝授しましょう。

　まず大切なことは、5％の消費税込みの表示価格のうち消費税が占める割合は、

$$\frac{5\%}{(100\%+5\%)} = \frac{1}{21}$$

ということです。

　すなわち、消費税額を求めるためには、表示されている定価の$\frac{1}{21}$を求める作業、言い換えると**「定価を21で割る」**作業が必要なのです。

この21という数は微妙に計算がしにくい数なのですが、そんなに見捨てたものでもありません。というのは

$$21 = 3 \times 7$$

という点に着目すれば、意外と簡単に求められます。すなわちコツは

3と7で割る

ということです。
　なお、小数点以下はすべて切り捨てていただいて結構です。他のページも同様に考えてください。
　では、本題に入りましょう。

1. 定価が7の倍数の場合

例：3500円

まず早速7で割りましょう。

$$3500円 \div 7 = 500円$$

次にそれを3で割ります（あまりは切り捨て）。

$$500円 \div 3 = 166円$$

ということで、消費税額は166円となります。
消費税抜きの本体価格を求めたい場合は、
消費税額を引いて、

$$3500円 - 166円 = 3334円$$

になります。

2. 定価が3の倍数の場合、もしくは7でも3でも割れない場合

例：3600円

まず3で割りましょう。

$$3600円 ÷ 3 = 1200円$$

次にそれを7で割ります（あまりは切り捨て）。

$$1200円 ÷ 7 = 171円$$

ということで、消費税額は171円となります。
消費税抜きの本体価格を求めたい場合は、
消費税額を引いて、

$$3600円 - 171円 = 3429円$$

になります。

練 習 問 題

23 定価が5%税込みで420円の雑誌の消費税額および税抜き価格はいくらでしょう？

24 定価が5%税込みで1800円の本の消費税額および税抜き価格はいくらでしょう？

25 定価が5%税込みで800円の本の消費税額および税抜き価格はいくらでしょう？

レシート計算のコツは
足し算前の相性チェック

次の買い物をしました。合計金額はいくらでしょう?

390円 + 430円 + 760円 + 610円 + 240円 + 570円 = ?

もちろん、普通に前から足し算してもいいのですが、実は複数の数を足し算する場合、相性がよい数とそうでない数があります。相性のいいものどうしを足していくことで、かなり効率よく足し算ができます。

　この問題の場合は、次のようにすれば簡単に答えを出すことができます。

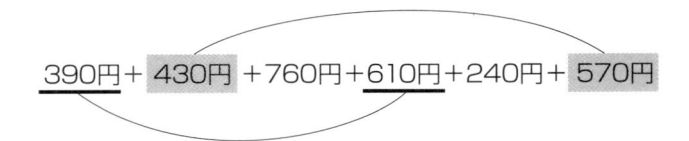

$$390円 + 430円 + 760円 + 610円 + 240円 + 570円$$

$$= (390円+610円)+(430円+570円)+(760円+240円)$$
$$= 1000円+1000円+1000円$$
$$= 3000円$$

　このように、足し算や引き算どうしは順番を入れ替えてもよいわけですから、もっとも効率がよいものから順番に足し算していく工夫だけで、かなり速い計算が可能になります。

　では次の問題はどうでしょう？

$$33 \times 82 \div 55 = ?$$

　先ほどの足し算・引き算と同じく、かけ算・割り算も相性のよし悪しがあります。また、割り算の場合は「約分」を使うこ

とも可能です。約分とは割り算をする2数に共通する約数を見つけたら、先に消してしまう方法です。

この場合、32×82は結構面倒ですが、33も55も11が約数なので33÷55を先に約分して3÷5にすれば、意外とスムーズに計算できます。

$$33 \times 82 \div 55 = (33 \div 55) \times 82$$
$$= (3 \div 5) \times 82$$
$$= (3 \times 82) \div 5$$
$$= 246 \div 5$$
$$= 49.2$$

最後の246÷5＝49.2は、12ページの「5で割るときは、2をかけて10で割るとよい」という置き換えを使ってください。

すなわち、こんなややこしい計算も順番入れ替えや約分を使うと暗算が可能になります。

練 習 問 題

26 次の計算をできるだけ速く暗算しましょう。

670＋850＋340＋210＋330＋660＋790＝

25－19＋39－42＋73－15－63＋52＝

3×14＋9＋4×16＋7×13＋58＝

27 次の計算をできるだけ速く暗算しましょう。

210×38×15÷35÷19＝

1.6×12.4×2.5＝

計算ミスは、想像力でカバーする

もう間違えない！
おつりの計算

2494円のTシャツを買うのに10000円支払いました。おつりはいくらでしょう？

おつりの計算は、レジの機械が自動的に行ってくれるので、特にこちらで計算する必要はありませんが、おつりの金額を確かめるのは、誰もが日常的に行う計算の1つです。逆にこちらがおつりを出す側なら機械にばかり頼るわけにはいかない場合も多々あるでしょう。

　ところが、学校で習った筆算では、おつりの計算をするのはなかなか難しいものです。というのも、筆算での引き算は繰り下がりを多用するという欠点があるからです。

　特にこの問題のように半端な金額を10000円札で支払うような場合、一・十・百・千のそれぞれの位で繰り下がりが起こるため、とても面倒なことになります。

$$\begin{array}{r} 999 \\ \cancel{10000} \\ -2494 \\ \hline 7506 \end{array}$$

「繰り下がりがめんどくさいわ」

　しかし、絶対に繰り下がりが起こらない引き算というのも存在します。

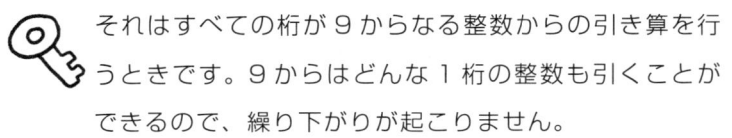

　それはすべての桁が9からなる整数からの引き算を行うときです。9からはどんな1桁の整数も引くことができるので、繰り下がりが起こりません。

そして不思議なことに、実は**10000**のようなキリのいいの数と、**9999**のような9が連なる数というのは、たった**「1」**違うだけです。この非常に便利な性質を利用しましょう。

　つまり、

　10000 − 2494をそのまま計算するのではなく、

$$10000 - 2494 = (9999 + 1) - 2494$$
$$= (9999 - 2494) + 1$$
$$= 7505 + 1$$
$$= 7506$$

と、繰り下がりもなく暗算で即座に答えを求めることができるのです。

> 1を引くだけで繰り下がりがなくなってラクね！

また、24523円の品物を購入して30000円を出すときなどは、20000円だけは先に支払ったと考え、残り10000円から端数の4523円を引いて計算しましょう。

$$30000-24523 = 10000-4523$$
$$= 9999-4523+1$$
$$= 5476+1$$
$$= 5477$$

よって、おつりは5477円になります。
　このように、おつりを計算するときには和が9になる次の4つのペアをしっかり覚えていれば大丈夫です。

$$1+8=9$$
$$2+7=9$$
$$3+6=9$$
$$4+5=9$$

　これらのペアを覚えていると、999…9からの引き算はいずれかのペアに置き換えるだけで簡単に答えが出せます。例えば、9999－4523は4、5、2、3のそれぞれのペアが5、4、7、6、なので、答えは5476となります。

練　習　問　題

28 次のおつりはいくらでしょう？　できるだけ速く答えられるようにしてください。

・394円を支払うのに1000円を渡したとき。
・1899円を支払うのに2000円を渡したとき。
・3364円を支払うのに5000円を渡したとき。

29 次のおつりはいくらでしょう？　できるだけ速く答えられるようにしてください。

・2945円を支払うのに10000円を渡したとき。
・27489円を支払うのに30000円を渡したとき。
・193827円を支払うのに200000円を渡したとき。

練習問題の答え

23
420 ÷ 21 = 20
消費税額は 20 円
税抜き価格は 400 円になる。

24
1800 ÷ 3 = 600
600 ÷ 7 = 85
消費税額は 85 円
税抜き価格は 1715 円になる。

25
800 ÷ 3 = 266
266 ÷ 7 = 38
消費税額は 38 円
税抜き価格は 762 円になる。

練 習 問 題 の 答 え

26

670+850+340+210+330+660+790
= (670+330)+(340+660)+(210+790)+850
= 3850

25−19+39−42+73−15−63+52
= (25−15)+(39−19)+(52−42)+(73−63)
= 50

3×14+9+4×16+7×13+58
= (3×14+58)+(9+7×13)+4×16
= 264

27
$210 \times 38 \times 15 \div 35 \div 19$
$= (210 \div 35) \times (38 \div 19) \times 15$
$= 180$

$1.6 \times 12.4 \times 2.5$
$= 12.4 \times (1.6 \times 2.5)$
$= 12.4 \times (0.4 \times 10)$
$= 12.4 \times 4$
$= 49.6$

計算ミスは、想像力でカバーする

練習問題の答え

28
- おつりは 606 円

- おつりは 101 円

- おつりは 1636 円

29
- おつりは 7055 円

- おつりは 2511 円

- おつりは 6173 円

Column

投資を比較してみると…
自分に合ったお金の運用とは?

　お給料やボーナス、満期を迎えた積立預金が貯まったときなど、お金の運用について考えることってありますよね。
　そのまま銀行に預けておくのもいいけれど、貯金の利子はそんなに多くないし、何か別の投資方法はないかな？
　なんて思っている人も多いのではないでしょうか。

　そう思って調べてみると、実は色んな投資方法があることに気づきます。外貨預金、株、国債といった債券など…。しかし、どれも難しそうだし、説明を聞けばある程度分かるけれどなかなか手を出しにくいというのが現実ではないでしょうか？

　そこで、簡単にそれぞれの内容や特徴をまとめ、比較してみましょう。もしかすると自分に合ったお金の運用方法を見つけることができるかもしれませんよ。

【外貨預金】

　ひとことで言うと「外国のお金で貯金をする」ということです。ドルで貯金をする場合の手順を簡単に説明しましょう。

１：銀行で外貨預金口座を作る（大抵は無料）。
２：日本円で所持している貯金を外貨預金口座に移す
　　　（円→ドルの交換の際に手数料を支払う）。

　このような手順で、外貨預金口座を開設します。
　そして、ある程度時間が経ってから

３：外貨預金口座の貯金を再び円に戻す
　　　（ドル→円の交換の際に手数料を支払う）。

　とするだけです。簡単でしょ？

　外貨預金をする主なメリットは次の３点です。

Column

- 日本円で預金するよりも、利子が圧倒的に高い場合が多い。
- 円と外貨（ドルなど）の交換レートの変動によっては、さらに大きな差益を得ることもある。
- 株などに比べると、大きな損失になる危険性が少ない。

　例えば、1ドル＝110円のときに110万円を外貨預金に入れるとしましょう。すると、若干の手数料は掛かりますが、約1万ドルの外貨預金をすることになります。

　何ヵ月か経ち、1ドル＝120円になったとしましょう。そのときに外貨預金を全額日本円に換金すると、若干の手数料は掛かりますが、預金は約120万円になり、10万円程の差益が生まれます。

　ただし、円とドルの変換レートが悪くなり、1ドル＝100円になってしまうかもしれません。すると、その場合は預金が100万円になり、10万円ほどの損失になります。

　ですから、外貨預金を始めると今まで以上に「1ドル何円の円高（円安）」といったニュースにも敏感に反応するようになります。

【 株 】

　ひとことで言うと「会社に投資をする」というものです。
　近年流行しているネットトレードをする場合の手順を、簡単に説明しましょう。

１：ネット証券会社に株の売買を行うための取引口座を開設する。
２：株の購入に必要な資金を入金する。
３：所定のルールに従い、自分が購入したいと思う会社の株
　　（銘柄）の買い注文を行う
　　（ネット証券会社に手数料を支払う）。

　注文が成立すれば、株を購入したことになります。コンピュータ上での取引なので実感がわきませんが、株主になったということです。そして、ある程度の期間を経て株を売却する場合は

４：所定のルールに従い、売り注文を行う
　　（ネット証券会社に手数料を支払う）。
５：株を売ったお金が証券会社の口座に入金される。引き出す
　　際には、自分の銀行口座に振り込んでもらう。

Column

　先ほどの外貨預金に比べ少し敷居が高くなりますが、それでもネットトレードの場合、比較的簡単に取引をすることができます。

　株式を購入するメリットは以下の3点です。

・購入した株（銘柄）の業績がよければ、「配当」という利子のようなものを受け取ることができる。
・株価の変動によって、かなり大きな差益を得る場合もある。（損失になる可能性も大きいが）。
・銘柄によっては株主優待がもらえることも多い。

　例えば、Aという銘柄（会社の名前）の株を買うとしましょう。この会社は株価が1株500円で、単元株数が1000株だとすると、最低でも500円×1000株＝50万円の資金が必要です。

　まず、ネット証券口座には余裕を持って100万円ほど入金します。この場合は100万円入金するとしましょう。次に、インターネットの画面上でAという銘柄を1000株と注文します。この際には、値段を指定（指値発注）できるので「500円で1000株」の買い注文とします。

　株式市場が開いている時間内にAの株価が500円を下回り、証券会社が株を購入できれば、この時点で社の株を購

入したことになります。そして何日か経つと、50万円と証券会社への手数料が最初の100万円から差し引かれ、ネット証券口座にその差額とAの株を1000株所有している状態になります。

　少し時間が経って、この銘柄Aの株価が600円になったときに売却注文を出すと、やはり手数料が掛かりますが、約60万円が口座に入金され、約10万円の差益を得たことになります。しかし、株価が下がって400円になるかもしれません。そんなときに売ってしまうと、10万円ほど損をすることになります。
　ですが、株を長期で保有し、会社が利益を上げている場合、株主は「配当」と「株主優待」を受けることができます。
　配当とは、銀行預金での利子のようなもので、1株につき何円と換算され、所定の手続きを経てお金を受け取る仕組みになります。
　株主優待というのは、株主になっている会社の商品やサービスなどを無料・格安で受けられる特典のようなものです。けれど、すべての会社が行っているわけではありません。
　仮に電鉄会社の株主だとしたら、その会社が経営する電鉄の株主優待乗車券がもらえたり、飲食業の場合は、その会社が経営するレストランの株主優待割引券や金券がもらえたりします。

金額的にはさほど大きくなくても、その会社を応援していると感じるので、好きな会社やブランド、チェーン店などの株を購入する人が多いのも事実です。

【 投 資 信 託 】

　ひとことで言うと「あなたにお金預けるから、これで儲けてね」と、投資運用の専門家にお金を預ける方式です。
　つまり、多くの出資者から集まったお金を、専門家がさまざまな金融市場で運用し、収益が生まれると出資者に還元されるという仕組みになります。
　専門家が資金を運用するため、気が楽な部分もありますが、投資信託にはさまざまな種類があるので一概に書くことはできません。銀行に預けているよりは利率も高いので、信頼できる投資会社があれば、選択肢の1つとしてお薦めかもしれません。銀行や証券会社などで取り扱われています。

【国債などの債券】

　国債というのは日本の国が発行する債券のことです。つまり、日本の国にお金を預ける定期預金のようなものです。一定の期間ごとに利子もつきます。

　主要銀行や郵便局、証券会社などで扱われており、日本の国が破綻しさえしなければ安心なわけですから、確実性は高いといえるでしょう。

　参考になったでしょうか？

　（注釈）手数料の有無や金額等は各金融機関によって異なります。

木曜日

暗算が、ステキな時間を
プロデュース

3ヵ月後の
最終金曜日は何月何日?

今日は3月20日の水曜日。ゆめ子さんはのぞみさんにコンサートに行かないかと誘われました。そのコンサートは3ヵ月後の最終金曜日に行なわれます。いったい何月何日のことでしょう?

日付と曜日の関係は意外と難問です。というのも、月ごとに日数が違うので、あまり機械的に計算をすることができないのです。また、うるう年が関係する場合はさらに複雑な計算をしなければなりません。
　そこでみなさんにとっておきの方法をお教えしましょう。筆者はこれを「あまり方式」と呼んでいます。
　まず「あまり方式」を使う際に重要な事実は次の2つです。

1 月が替わらない限り「何月何日」の「何日」の部分を7で割ったあまりが等しければ曜日は等しい。

2 もしも1ヵ月が28日ならば、日付と曜日の関係は変わらない。1ヵ月が30日なら曜日は2つ、31日なら曜日は3つずれる。

　これらの事実を利用した曜日計算をしてみましょう。

1 月が替わらない限り「何月何日」の「何日」の部分を7で割ったあまりが等しければ曜日は等しい。

例えば3月20日が水曜日ならば、20÷7=2、あまり6なので、同じく7で割ったあまりが6となる3月6日も3月13日も3月27日も全部水曜日になります。

すなわち、日付と曜日の関係は、「何日」の部分を7で割ったときのあまりの数と曜日の関係を考えるのがポイントです。

さらに、同じ月の中で比べると、**日付を7で割ったあまりが1違えば曜日も1違う**ということになります。

この考え方に慣れることが曜日計算の近道です。

$$20 \div 7 = 2 \quad あまり6$$
$$6 \div 7 = 0 \quad あまり6$$
$$13 \div 7 = 1 \quad あまり6$$

あまりの数が同じだから6日も13日も水曜日ね!

2 もし1ヵ月が28日ならば、日付と曜日の関係は変わらない。1ヵ月が30日なら曜日は2つ、31日なら曜日は3つずれる。

　少し考えれば当然のことなのですが、28は7の倍数なので、もしも1ヵ月がすべて28日ならば、次の月の同じ日は同じ曜日になります。

　例えばうるう年ではない2月は28日なので、2月14日のバレンタインデーと3月14日のホワイトデーは大抵同じ曜日になるというわけです（この事実はみなさんよくご存じなのではないでしょうか？）。

　さらに言うと、1ヵ月が30日ある月の場合、28日より2日多いので、次の月の同じ日は曜日が2つずれることになります。つまり、月をまたぐたびに曜日が2日か3日ずれてゆく計算になります。

　では、この2つを用いて先ほどの問題を考えてみましょう。
　まずはじめに **2** の事実を適用します。

　3月は31日、4月は30日、5月は31日あるので
　7で割ったあまりはそれぞれ3、2、3なります。
　つまり3＋2＋3＝8、よって、曜日は8つずれます。

暗算が、ステキな時間をプロデュース　101

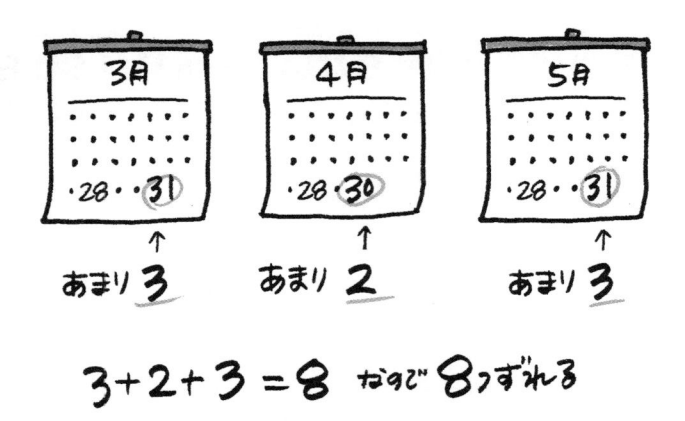

```
   3月          4月          5月
・28・・㉛   ・28・㉚    ・28・・㉛
    ↑           ↑           ↑
 あまり 3    あまり 2    あまり 3
```

3 + 2 + 3 = 8 なので 8つずれる

　もちろん曜日が7つずれたら元に戻るので、結局3月から見ると、6月は曜日が1つだけずれていることになります。
　すると、3月20日が水曜日なら、6月20日は木曜日になりますね。
　そのあとは **1** を適用しましょう。6月20日が木曜日なら6月27日も木曜日なので、翌日の6月28日は金曜日になります。これが最終の金曜日であることは一目瞭然ですね。

もう一度、整理してみましょう。

3月20日が水曜日ならば、6月20日は
3 + 2 + 3 = 8
すなわち1つだけ曜日がずれる。
3月20日は水曜日なので、6月20日は木曜日。
6月20日が木曜日ということは、6月27日も木曜日。
つまり、翌6月28日が金曜日で、これが6月の最終金曜日。

どうですか？「あまり方式」は慣れると結構速いので、ぜひマスターしてみてください。

1年後を計算する場合などは、

365 ÷ 7 = 52 あまり 1

なので、うるう年でなければ曜日が1つだけずれる、ということを知っておくと便利です。

練 習 問 題

30 今日は8月24日の土曜日です。12月の最終金曜日は何月何日でしょう？

31 今日は4月8日の月曜日です。9月15日は何曜日でしょう？

32 今日は1月20日の土曜日で、今年はうるう年です。来年1月25日は何曜日でしょう？

あと何時間で
サッカーが始まる？

明日の未明に、サッカーの国際試合がTV中継されます。

現在の時間午前10時40分から、午前2時30分の試合開始まで、あと何時間？

時間の計算って意外と面倒ですよね。なぜ面倒かというと、この問題の場合2：20－10：40という感じで単純に計算できないからです。
　こういう計算は、ともかく細かく区切って計算していくことが大切です。
　まず、午前10時40分から昼の12時までは1時間20分、昼の12時から夜中の12時まで12時間、さらに夜中の12時から午前2時20分まではそのまま2時間20分あるので、

$$\begin{array}{r} 1時間20分 \\ 12時間 \\ +\quad 2時間20分 \\ \hline 15時間40分 \end{array}$$

ということになります。
　数字だけで計算しようとするのではなく、実際に時計の絵や状況を頭の中で想像して計算すれば、そんなに難しいことでもありません。これを数字だけの計算でやろうとするから、難しい問題に見えてしまうのです。

では、次の場合はいかがでしょう？

現在土曜日の午後2時30分です。今から50時間後というのはいつのことでしょう？

まず、50時間を何日と何時間かを計算すると、

$$50時間 \div 24時間 = 2日 \text{ あまり } 2時間$$

なので、この場合は2日＋2時間後、すなわち土曜日の午後2時30分の50時間後は「月曜日の午後4時30分」になります。このように、何時間後がいつになるかという問題は、何日＋何時間後であるかを把握することが大切です。

では、次の場合はどうでしょう？

現在は土曜日の午後2時30分です。今から70時間後というのはいつのことでしょう？

　これも同じように計算すると、

$$70時間 \div 24時間 = 2日 \text{ あまり } 22時間$$

　よって、2日＋22時間後、ということになるのですが、こちらは少し計算が面倒であることにお気づきでしょうか？
　このように、あまりが大きい場合は、むしろマイナスで物事を考えたほうがうまくいきます。
　この場合、70時間＝2日＋22時間、と考えるのではなく、あと2時間増えれば72時間、つまり3日と数えられるため、

$$70時間 = 3日 - 2時間$$

と把握したほうが簡単なことが分かります。

暗算が、ステキな時間をプロデュース

すなわち、土曜日の午後2時30分の70時間後とは、「火曜日の午後0時30分」ということになります。

　とにかく、臨機応変に対応できるのがこのような問題のコツだと言えます。ぜひ色々なケースを想定して練習問題を解いてみましょう。

練 習 問 題

33 現在午後9時15分です。明後日の午前2時20分まであと何時間？

34 現在月曜日の午後5時15分です。
今から100時間後というのは何時のことでしょう？
また90時間後というのは何時のことでしょう？

ゆっくり買い物できるパーキングはどちら？

ゆめ子さんが向かったショッピングモールにはAとB、2カ所の駐車場がありました。

Aは2000円以上の買い物で2時間無料、Bは物販1店舗にて3000円以上の買い物と飲食1店2000円以上の買い物で3時間無料です。

また、Aは1時間超過すると300円、Bは400円かかります。

その後、Aは超過20分ごとに100円、Bは1時間以後の超過30分ごとに200円かかります。

食事や休憩時間も考慮し、4時間以上買い物をする場合はどちらのパーキングを利用すればよいでしょう？

駐車場って正直、面倒ですよね。大きなショッピングセンターなどでは、ずっと無料なら気楽に買い物ができるだろうと思いますが、みんなが同じことを考えるので無料にしてしまうと駐車場はいつまで経っても空かないことになります。
「〇時〇分に車を停めたからそろそろ行かないとお金がかかる！」という感じの暗黙のプレッシャーをかけることで、駐車場をうまく回しているわけですね。
　でも、ゆっくり買い物したいときだってあります。そんなときは「少しぐらい駐車料金を払ってもいいかな」と考えるものですが、いくつか契約駐車場がある場合は、どの駐車場がいいのか迷うこともあります。駐車する場所にこだわりるよりも、結局料金が安いほうを選びたいわけです。

数学の問題などでは、問題を解く際に必要のない数値は問題文中に出てこないものですが、現実社会では余計な情報が色々なところにちりばめられています。

　つまり、ここで大切なのは

重要な情報だけを取捨選択できる能力だともいえます。

　仮にこのショッピングセンターで大体１万円のお買い物をするなら駐車場Ａの「２０００円以上の買い物」や、駐車場Ｂの「物販１店舗にて３０００円以上の買い物と飲食１店２０００円以上の買い物」という情報は必要ありませんよね。

　また、比べ方も効率が悪く感じます。

「Ａは２時間無料、Ｂは３時間無料になります。Ａは１時間超過すると３００円、Ｂは４００円かかります。その後、Ａは超過２０分ごとに１００円、Ｂは１時間以後の超過３０分ごとに２００円かかります。」

　というと、**「Ａは…、Ｂは…、Ａは…、Ｂは…」**と言う感じで、目が右に行ったり左に行ったり、頭も目もクラクラします。

さらに、この問題のケースでもう1点難解な箇所があります。
　それは、超過時間の料金が駐車場Aは「超過**20**分ごと」、駐車場Bは「超過**30**分ごと」というふうに時間の単位が違うことです。
　このままでは比較しにくいので
「超過６０分ごと」に置き換えましょう。

　すると、この問題文は次のように書き換えることができます。

「Ａは２時間無料、１時間超過すると３００円、１時間以後の超過６０分ごとに３００円かかります。」

「Ｂは３時間無料、１時間超過すると４００円、１時間以後の超過６０分ごとに４００円かかります。」

　この問題をよく読むと、結局のところ両駐車場とも、無料時間を超過すると1時間ごとの値段がまったく同じであることが分かります。それが分かれば、情報量を減らし、この問題文は次のように書き換えることができます。

「Aは2時間無料、1時間以後の超過60分ごとに300円かかります。」
「Bは3時間無料、1時間以後の超過60分ごとに400円かかります。」

ずいぶんと考えやすくなったと思いませんか？
では、表にしてみましょう。

駐車時間	1	2	3	4	5	6	7	8	…
駐車料金A	0	0	300	600	900	1200	1500	1800	…
駐車料金B	0	0	0	400	800	1200	1600	2000	…

ざっくり計算すると、5時間以内ならBが安く、6時間ぐらいならほぼ同じ金額、7時間以上ならAが安いことが分かります。

練　習　問　題

35 AとB、2つのネットカフェがあります。
AはI最初の1時間500円、Bは最初の30分200円になります。
Aは1時間を超過すると30分ごとに200円、Bは30分を超過すると10分ごとに100円かかります。
どちらのネットカフェの方が安いでしょう？

練習問題の答え

30
3(8月)+2(9月)+3(10月)+2(11月)
= 10
12月24日は3つずれて火曜日
よって12月27日が最終金曜日になる。

31
2(4月)+3(5月)+2(6月)+3(7月)+3(8月)
= 13
9月8日は日曜日
よって9月15日も日曜日。

32
うるう年なので、曜日は2つずれ
来年1月20日は月曜日。
よって来年の1月25日は土曜日。

33 今日の午前0時まであと2時間45分、
明日は24時間あり
明後日は2時間20分、
よって、合計29時間05分かかる。

34 100時間＝4日＋4時間
よって、100時間後は
金曜日の午後9時15分。

90時間は4日－6時間
よって、90時間後は
金曜日の午前11時15分。

練習問題の答え

35

この場合は、Bの時間設定が細かいので、Bの時間設定に合わせて10分きざみで表にしましょう。

時間	10	20	30	40	50	60	70	80	90	100	110	120	130	...
A	500	500	500	500	500	500	700	700	700	900	900	900	1100	...
B	200	200	200	300	400	500	600	700	800	900	1000	1100	1200	...
	A>B	A>B	A>B	A>B	A>B	A>B	A>B	A＝B	A<B	A＝B	A<B	A<B	A<B	...

大体80分以内なら細かく計算される分Bの方が安く、80分を超えるとAの方が安くなります。

金曜日

暗算は、みんなに好かれる
ゴキゲンツール

割り勘を科学する①
～仲間に好かれるキャッシュバック～

6人で飲み会をして29530円かかりました。
1人あたりいくらを幹事に払えばよいでしょう？

よくありますよね、こういう光景。飲み会というのは、単にお酒を飲むだけではなく、色々な思惑が交錯する不思議な空間です。というのも、飲み会に意中の異性がいるときもあれば、上司が同席することもあります。友人や同僚との席でも、こういう細やかな計算をさらっとやってのけたら、周りのみんなにちょっとした好印象を与えることもあるでしょう。

　この場合、合計金額の29530円がややこしい値段ですよね。少し多くなって30000円だったらよかったのに、と思いませんか？

　というのも、ここでは合計金額を6人で割るのですから、30÷6を使えば割り切れるな、ということがパッと思い浮かべば、ササッと計算できそうですよね？

　つまり、29530円を30000円だと考えると、1人5000円ずつ幹事に払うことになります。ですが、実際に5000円払うと、合計で30000円を集めた幹事さんは、

30000円−29530円＝470円、他の５人より得することになります。

これをどう考えるか？　２つの考え方があるでしょう。

A　「幹事さん、ささやかながらご苦労様」

という気持ちを込めてそのままいく。

B　「幹事だからといって470円も得するのは納得できない」

ということで、もう少し厳密に計算する。

Aの場合は問題ないのですが、Bの場合について、もう少し考えてみましょう。

ひとことで言うと、30000円をレジに出し、もらったおつり470円を幹事以外の残り5人に還元します。
　470円÷5が面倒ならば、500円÷5と考えましょう。

１人１００円のキャッシュバックです。

　すなわち、5000円を出して500÷5＝100円が戻るので、幹事以外の5人は1人4900円払ったことになります。
　幹事さんだけはキャッシュバックがありませんが、それくらいは大目に見てくださいね！

　では、7人で29500円を割り勘する場合はどう計算すればよいでしょう？

　ここでは、28000円だったらいいのにな。と考えれば、

大体28000円÷7で1人4000円ずつ払う

ことになります。
　しかし、幹事以外の6人が4000円を支払うと、実際には24000円しか集まりません。すなわち、幹事1人にかなりの負担がががかってしまいます。

そこで、この場合は
4000円×7人＝28000円を集めましょう。
　残り1500円を7人で割るならば、少しは楽に計算できると思いませんか？
　しかし、1500円も7で割り切れないので、7で割り切れるキリのいい数、1400円を7人で負担することにしましょう。
　つまり、4000円に1人200円ずつ追加して、4200円を徴収すればよいのです。
　この場合は幹事さんだけ4300円支払うことになりますが、この100円も幹事さん！かぶってください（笑）。

練 習 問 題

36 35500円を8人で割り勘します。1人いくらずつ幹事さんに支払えばよいでしょう？

37 62340円を12人で割り勘します。1人いくらずつ幹事さんに支払えばよいでしょう？

割り勘を科学する②
～男女比をどうするか～

男女3人ずつ、合計6人で行った飲み会の合計金額は29530円でした。女性3人が食事した量は男性よりも少なかったので、相談の結果、男性が女性より少し多めに支払うことになりました。1人あたりいくら幹事に支払えばよいでしょう？

これは少し難しい問題ですね。まず、計算以前の問題として「女性だというだけで支払い金額が少ないのは納得できない」という意見もあるだろうし、女性が食べた量は、男性よりどれぐらい少なかったのだろうか、女性のAさんはBさんより2倍ぐらい多く食べたかもしれない…厳密に考え出したらキリがありません。

　でもまあ、こういうことにうるさく言わないのが飲み会の暗黙のルールだということで、ここは目をつぶりましょう。

　これも先ほどと同じ発想で考えます。つまり

「29530円が30000円だったら、すごく都合がいいのに」

と考えましょう。

　男女3人ずつで30000円というのは、単純に考えると1人約5000円にあたり、男女1人ずつ、つまり2名で10000円かかったということ。

　ですから、男女比をどうするかという問題については、10000円の中で考えればよいのです。

　例えば男性6000円、女性4000円とか、もっと差をつけて男性7000円、女性3000円、という感じです。

　この場合は、幹事が全員から徴収した30000円を支払った後、おつりの470円をどうするかということになります。

少し多めに負担した男性3人で分けるか、2次会の精算の足しにしてもいいでしょう。男性3人で分ける場合も、470円は3では割れないので、450円と考えて男性1人につき150円ずつキャッシュバックし、幹事さんが20円もらうというのはいかがでしょうか？

　ではもう1問、男性5人、女性2人で飲み会をして合計金額がちょうど25000円だったとき、男性が女性より少し多めに支払う場合はどうすればよいでしょう？

　この場合、ひとまず全員が男性だと考えて計算をします。
　その際に、少し余分に徴収できるように設定しましょう。つまり、合計7人なので1人4000円で28000円を徴収します。
　そして、おつりを女性2人にキャッシュバックするのはどうでしょう？　この場合、3000円のおつりが来るので、1人に1500円ずつお返しします。つまり、男性4000円、女性2500円ということです。いい感じではないですか？
　もちろん、男女比は「こうしなければいけない」という類の

ものではないので、臨機応変に対応していただければと思います。くれぐれもケンカにだけはならないよう、お酒は楽しく飲んでください。

練　習　問　題

38 35500円を男6人女6人で割り勘します。男性が女性より少し多めに支払う場合、男女それぞれいくらを幹事さんに支払えばよいでしょう？

39 21340円を男5人女3人で割り勘します。男性が女性より少し多めに支払う場合、男女それぞれいくらを幹事さんに支払えばよいでしょう？

トランプゲームの成績を ぱぱっと計算

スキー旅行の晩、ゆめ子さんは仲よし5人組Aさん、Bさん、Cさん、Dさんとトランプのゲームをしました。1位～5位の順に5点～1点と点数をつけて、それを延々書きとめました。
合計点が高い順に順位をつけるとして、さっと順位を出すにはどうすればよいでしょう？

実は簡単そうでいて奥が深い問題です。というのも、点数のパターンによって手法が変わるからです。
　例えば次の（図1）のような得点のときは、点数を出す必要もないですよね？

（図1）

Aさん	3	3	3	3	3	3	3	5	3	3	3	1	3	3	3	3
Bさん	1	1	1	1	1	1	1	2	1	1	1	3	1	1	1	1
Cさん	4	4	4	4	4	4	3	3	4	4	2	4	4	4	4	4
Dさん	5	5	5	5	5	5	4	5	5	5	5	5	5	5	5	5
Y子さん	2	2	2	2	2	2	1	2	2	4	2	2	2	2	2	2

　見ての通り、順位の入れ替わりが3回あるものの、ほとんどの回で同じ順位ですよね。こんなときは合計点を計算するまでもなく、その典型的な順位が合計点の順位と一致します。

　この場合は、B、Y子（ゆめ子）、A、C、Dの順番になりますが、こんないい加減な計算が嫌な人のために、とりあえず計算法も書いておきましょう。

例えばAさんの場合だと、

$$3+3+3+3+3+3+3+\mathbf{5}+3+3+3+\mathbf{1}+3+3+3+3$$
$$= 3+3+3+3+3+3+3+\mathbf{3+2}+3+3+3+\mathbf{3-2}+3+3+3+3$$
$$= 3×16$$
$$= 48$$

といった方法で、すべての点数を3からの過不足で捉えます。

この場合は、過不足分が相殺によって消えたので、簡単なかけ算に持ち込むことができました。次にBさんを見てみると、

$$1+1+1+1+1+1+1+\mathbf{2}+1+1+1+\mathbf{3}+1+1+1+1$$
$$= 1+1+1+1+1+1+1+\mathbf{1+1}+1+1+1+\mathbf{1+2}+1+1+1+1$$
$$= 1×16+1+2$$
$$= 19$$

となります。では、（図2）の場合はどうでしょう？

（図2）

Aさん	3	5	1	2	4	5	4	2	4	4	4	2	1	3	2	1
Bさん	2	4	2	1	1	1	3	1	2	3	1	1	5	2	1	4
Cさん	5	3	3	4	2	4	1	3	1	1	2	3	4	4	3	2
Dさん	4	1	4	5	3	2	2	5	3	5	2	5	5	2	1	4	3
Y子さん	1	2	5	3	5	3	5	4	5	5	3	4	3	5	5	5

この場合、少し考えてみてほしいのは、全員の点数をちゃんと合計することにあまり意味はないということ。

　そもそも、1点とか3点という点数は順位を表す数なので、すべてを合計する必要はありません。ただし、合計点で順位を競うわけですから、そういう意味では正確を期する必要があります。

　そこで、このようにどの人にもまんべんなく点数が入っている場合は**「相殺カウント」**をします。

（図2）の点数表を見て、5人とも同じ点数がつく箇所に、✕印をつけて相殺していくのです。例えば5点を1組だけ相殺すると、次のようになります。

Aさん	3	✕	1	2	4	5	2	4	4	4	2	1	3	2	1
Bさん	2	4	2	1	1	1	3	1	2	3	1	1	✕	2	1	4
Cさん	✕	3	3	4	2	4	1	3	1	1	3	3	4	4	3	2
Dさん	4	1	4	✕	3	2	2	5	3	2	5	5	2	1	4	3
Y子さん	1	2	✕	3	5	3	5	4	5	5	3	4	3	5	5	5

　Bさんに5点が1回しかないので、これで終わりです。

次に4点を相殺すると

Aさん	3	5̶	1	2	4̶	5	4	2	4	4	4	2	1	3	2	1
Bさん	2	4̶	2	1	1	1	3	1	2	3	1	1	5̶	2	1	4
Cさん	5̶	3	3	4̶	2	4	1	3	1	1	2	3	4	4	3	2
Dさん	4̶	1	4	5̶	3	2	2	5	3	2	5	5	5	2	1	3
Y子さん	1	2	5̶	3	5	3	5	4̶	5	5	5	3	4	3	5	5

となります。相殺カウントをさらに続けていくとこんな感じになります。

Aさん	3̶	5̶	4̶	2̶	4̶	5	4̶	2	4	4	4	2	1	3̶	2	1
Bさん	2̶	4̶	2	1̶	1	1	3̶	1	2	3̶	1	1	5̶	2	1	4̶
Cさん	5̶	3̶	3̶	4̶	2̶	4̶	4̶	3	1	1	2	3	4	4	3	2
Dさん	4̶	4̶	4̶	5̶	3̶	2̶	2	5	3̶	2	5	5	5	2	1	3
Y子さん	1̶	2̶	5̶	3̶	5	3̶	5	4̶	5	5	5	3	4̶	3	5	5

さらに残った部分で、今度は**和**で相殺していきます。

例えばゆめ子さんには5が沢山残っているので、5点を相殺していきましょう。和が5となるものを＝（二重線）でさらに相殺します。

1列だけやってみると、

Aさん	~~3~~	~~5~~	~~4~~	~~2~~	~~4~~	5	~~4~~	2	4	4	2	~~3~~	2	1
Bさん	~~2~~	~~4~~	2	~~1~~	~~1~~	~~1~~	~~3~~	~~1~~	2	~~3~~	1	1	~~5~~	2	1	~~4~~
Cさん	~~5~~	~~3~~	~~3~~	~~4~~	~~2~~	~~4~~	~~4~~	3	~~1~~	~~1~~	2	3	4	4	3	2
Dさん	~~4~~	~~4~~	~~4~~	~~5~~	~~3~~	~~2~~	2	5	~~3~~	2	5	5	2	1	4	3
Y子さん	~~4~~	2	~~5~~	~~3~~	5	~~3~~	5	~~4~~	5	5	3	~~4~~	3	5	5	5

5の相殺をもう1回してみましょう。次はー（一本線）で和が5となるものを相殺します。

Aさん	~~3~~	~~5~~	~~4~~	~~2~~	~~4~~	~~5~~	~~4~~	4	4	4	2	~~1~~	~~3~~	2	1
Bさん	~~2~~	~~4~~	~~2~~	~~1~~	~~1~~	~~1~~	~~3~~	~~1~~	2	~~3~~	~~1~~	~~1~~	~~5~~	2	~~1~~	~~4~~
Cさん	~~5~~	~~3~~	~~3~~	~~4~~	~~2~~	~~4~~	~~4~~	~~3~~	~~1~~	~~1~~	2	3	4	4	3	2
Dさん	~~4~~	~~4~~	~~4~~	~~5~~	~~3~~	~~2~~	2	5	~~3~~	2	5	5	2	1	4	3
Y子さん	~~4~~	2	~~5~~	~~3~~	~~5~~	~~3~~	5	~~4~~	5	5	3	~~4~~	3	5	5	5

ここまで消したら、後はそのまま残った数字を合計します。

暗算は、みんなに好かれるゴキゲンツール

というわけで、Y子（ゆめ子）、D、A、C、B、の順番であることがわかります。

Aさん	3	3	4	2	4	5	4	2	4	4	4	2	1	3	2	1	→15点
Bさん	2	4	2	4	1	1	3	1	2	3	1	1	5	2	1	4	→2点
Cさん	5	3	3	4	2	4	1	3	1	1	2	3	4	4	3	2	→13点
Dさん	4	4	4	5	3	2	2	5	3	2	5	5	2	1	4	3	→19点
Y子さん	4	2	5	3	5	3	5	4	5	5	5	3	4	3	5	5	→31点

練 習 問 題

40 （図1）のCさん、Dさん、ゆめ子さんの点数を求めてください。

41 次の図の場合の5人の順位を相殺方式で確定してください。

Aさん	1	2	5	3	1	3	2	1	5	4	3	1	3	5	2	4
Bさん	5	3	3	4	2	4	1	3	1	1	2	3	2	4	3	2
Cさん	3	5	1	2	4	5	4	2	4	5	4	2	1	3	5	1
Dさん	2	4	2	1	5	1	3	4	2	3	1	4	5	2	1	5
Eさん	4	1	4	5	3	2	5	5	3	2	5	5	4	1	4	3

練習問題の答え

36 36000円と考えると、
36000 ÷ 8 = 4500円
4500円支払えばよい。

37 62400円と考えると、
62400 ÷ 12 = 5200円
5200円支払えばよい。

㊳ 36000円と考えると、
男1人女1人で6000円
よって、男性3500円、女性2500円
なんていうのはどうでしょう？

㊴ 24000円と考えると、
24000 ÷ 8 = 3000円
おつりの2660円を2700円と考えて
女性1人につき900円バックする。
すなわち男性1人3000円、
女性1人2100円となります。

練習問題の答え

40

Cさん：4 × 16 − (1 + 2) = 61点

Dさん：5 × 16 − 1 = 79点

Y子　：2 × 16 − 1 + 2 = 33点

41

合計点が高い順に
1位：Eさん
2位：Cさん
4位：AさんとDさん（同率）
5位：Bさん

土曜日

ピンとくればよしとする。
ざっくり概算とは？

お気に入りミュージシャンの アルバムは合計何分?

ゆめ子さんが持っている CD のケース裏面に、収録されている 15 曲の時間が書かれています。すべての時間を足すと、合計で何分になるでしょう?

1曲目	3分52秒
2曲目	4分03秒
3曲目	3分33秒
4曲目	3分25秒
5曲目	4分06秒
6曲目	4分00秒
7曲目	2分45秒
8曲目	5分03秒
9曲目	3分42秒
10曲目	3分15秒
11曲目	4分11秒
12曲目	4分09秒
13曲目	4分22秒
14曲目	4分41秒
15曲目	6分06秒

「こんなかったるい足し算、誰がするかいっ！」とお思いかもしれませんが、こういう状況にもよく出くわします。

僕も昔はLPレコードをカセットテープに録音するときに「LPのA面が合計○分、B面が合計○分だとカセットのA面に○分、B面に○分のあまりができるので、そこには別のシングルのB面とこの曲を入れて…」なんて計算をしたものです。

こうすれば、カセットテープの録音されていない部分を早送り、巻き戻しする必要がなくなりますからね（そういう心配がいらない最近のCDやメモリープレーヤーの技術には感謝の念でいっぱいです）。

ところで、こんな計算をする状況は2通りのタイプに分けることができます。

A 少し時間をかけてでも、正確に計算したい状況

B 少しぐらい大まかでも構わないから、なるべく速く計算したい状況

このそれぞれについて少し考えてみましょう。

A 少し時間をかけてでも、正確に計算したい状況

　この場合、上から順番に計算するのは大変なので、分と秒を別々に計算し、最後に足し合わせましょう。分を縦にさらっと見渡して、2分の曲が何個、3分の曲が何個…と数えながら足し算をします。

　このCDの場合、2分が1曲、3分が5曲、4分が7曲、5分が1曲、6分が1曲あり、合計15曲収録されています。
　つまり、「2×1＝2、3×5＝15、足して17、4×7＝28、足して45、それに5と6を1個ずつ足す!」
　とするか、もしくは平均が3分ぐらいと判断して、そこからの差で計算しても構いません。ともかく、答えは56分です。

　次は秒数の計算です。上から順番に足し算をしましょう。
　ここで重要なのは、60秒を超えるごとに1分に変換して、指を開いて変換した分を数えていくことです。
　具体的にこのCDでやってみましょう。

52＋3＝55、55＋33＝88
　88から60秒を引き、
　指を1つ立てて、28

28＋25＝53、53＋6＝59、
59＋45＝1分44秒

　指を1つ立てて、44

（2分と残り44秒）

44＋3＝47、47＋42＝89

　89から60秒を引き
　指を1つ立てて、29

（3分と29秒）

29＋15＝44、44＋11＝55、
55＋9＝64、

　64から60秒を引き
　指を1本立てて、4

（4分と4秒）

4＋22＝26、26＋41＝67、

　67から60秒を引き、
　指を1本立てて、7

（5分と7秒）

7＋6＝13、終了。

　よって合計、5分13秒！という
具合です。

（7秒と6秒たして13秒 5分13秒ね）

　最後に分と秒の答え、5分13秒と56分を足すと、
　すべての曲の合計は61分13秒になります。

ポイントは、指を使って少し大きい数になったらすぐに60を引き、秒数を小さくすることです。これをせずに100の位がどんどん大きくなると、暗算がかなり面倒になります。

　また「指を折るだけなら5分しか数えられないじゃないか？」というおぼろげな疑問もあるかもしれませんが、正直、CDに収録されている曲数は、多くてもせいぜい15～20曲程度ですし、秒数の値はどんなに大きくても59を超えることはないので、右手と左手、さらには立てた5本の指をまた折っていくなどすれば、そこそこの秒数でも計算できるかと思います。

　もう一つのポイントとして、59秒とか58秒といった大きな秒数を足し算する場合は、それぞれ「1分マイナス1秒」「1分マイナス2秒」というふうに考えると足し算が簡単になります。例えば、前のページにある

$$59+45$$

の計算をするときには、59＋45と計算するのではなく、59を「1分マイナス1秒」と考えて、

$$59+45 = 1分-1秒+45秒$$
$$= 1分44秒$$

とすれば、非常に速く計算できます。

B 少しぐらい大まかでも構わないから、なるべく速く計算したい状況

この場合は、少しアッと驚く裏の手があります。

ここで、一番面倒な作業は秒数の足し算です。この部分をサクっと計算できれば、かなりの時間を節約できます。

そこで、「まんじゅう数え上げ方式」を秒数の計算にも使ってみましょう。10秒をまんじゅう1個とカウントし、ここでは1の位は四捨五入するという規則で数えてみます。

1曲目	52秒	○○○○○
2曲目	03秒	
3曲目	33秒	○○○
4曲目	25秒	○○○
5曲目	06秒	○
6曲目	00秒	
7曲目	45秒	○○○○○
8曲目	03秒	
9曲目	42秒	○○○○
10曲目	15秒	○○
11曲目	11秒	○
12曲目	09秒	○
13曲目	22秒	○○
14曲目	41秒	○○○○
15曲目	06秒	○

まんじゅうを数えると、全部で32個あるので合計320秒、つまり5分20秒ほどになります。そして、最後に56分を足せば、合計時間は約61分20秒ということが分かります。

練 習 問 題

42 次のCDの合計時間を、AとBの2つの状況でそれぞれ計算してみましょう。

1曲目　5分18秒
2曲目　5分53秒
3曲目　5分45秒
4曲目　4分02秒
5曲目　4分21秒
6曲目　4分37秒
7曲目　5分43秒
8曲目　6分05秒
9曲目　5分26秒
10曲目　5分34秒
11曲目　4分20秒

13%還元って
結局いくらぐらいお得？

電子レンジを買い替えようと思い、家電ショップに出掛けたところ31800円の電子レンジの値札に「13%ポイント還元」と書いてありました。いくらぐらいお得になるでしょう？

最近、大手電機量販店の多くが「ポイント還元」システムを取り入れていますよね。割引の代わりにポイントカードにポイントが加算され、次回来店時にそのポイントを使ってお買い物ができる仕組みです。

　一見、値段を割引するのと同じことのように感じますが、お店側にとっては、客さんが再度来店するという大きなメリットがあるので、「割引」ではなく「ポイント還元」の方がよいのでしょう。

　ところで、このポイント還元が曲者で「10％還元」ならば計算しやすいのですが、「13％還元」とか「18％還元」は、計算しようにも暗算が難しくて頭が混乱してしまいます。そんなに細かく計算しなくてもいいから、簡単にいくらぐらい得なのかが分かる、とっておきの計算方法を紹介します。少しぐらいの誤差に目をつぶり、次のような手を使えば簡単に計算できますよ。すなわち、

$$13\% \fallingdotseq \frac{1}{8}$$

$$18\% \fallingdotseq \frac{1}{6}$$

とするのです。これは14ページで説明した小数を分数に変換する問題の応用です。厳密に言うと

$$\frac{1}{8} = 12.5\%$$
$$\frac{1}{6} ≒ 16.67\%$$

になります。

　なので、13%≒($\frac{1}{8}$)、18%≒($\frac{1}{6}$) というのはともに現実の値より少し小さいのですが、お店の値札を見てサッと計算をするためには、このようにざっくりとした概算で答えを出すことも必要なのです。

　そして、13%≒($\frac{1}{8}$)、18%≒($\frac{1}{6}$) は実際よりも少ない数になるので、元の値段を少し多めに見積もってから計算するのがポイントです。

　例えば先ほどの31800円の13%還元は、31800円を8で割りやすい32000円と考えて、

$$32000円 \times 13\% ≒ 32000円 \times (\frac{1}{8})$$
$$= 32000 \div 8$$
$$= 4000円$$

という感じで、大体4000円お得だということが分かりました。実際の値は4134円のお得になるので、ほぼ正しい値だと言えます。

また、31800円の商品が18％還元される場合は、32000が6で割り切れないので、もうすこし多めに33000と考えて計算しましょう。

　つまり、31800円×18％を

$$33000 \times (\frac{1}{6}) = 33000 \div 6$$
$$= 5500円$$

　というわけで、18％還元の場合は大体5500円ぐらいということが分かります。これも実際の値が5724円なので、ほぼ正確な答えに近い値が簡単に計算できました。

練　習　問　題

43 次のポイント還元が大体いくらぐらいお得か、ざっくり計算してみましょう。

・7800円の13％ポイント還元
・24500円の13％ポイント還元
・42800円の18％ポイント還元
・64000円の18％ポイント還元

坪数をメートルで換算する方法
～正方形なら1辺何メートル?～

朝刊を読んでいたら、ゆめ子さんの自宅近くの土地が売却されるという広告を見つけました。27坪の土地は大体1辺が何メートルの正方形の土地に相当するでしょう？

この場合は、まず「坪⇔平方メートル」の変換を効率よく行う必要があります。
　1坪は大体3.3平方メートルに相当するので、27×3.3を計算する必要がありますが、これは簡単に暗算できるものではありません。何かいい方法はないでしょうか？
　3.3と聞くと、ピンとくる人もいらっしゃるかもしれません。そう。10÷3＝3.3333と近い値です。小学校では筆算の問題などでも出てきますし、印象的で忘れにくい数字です。
　すなわち「1坪3.3平方メートル」で考えるよりも、

3坪＝9.9平方メートル≒10平方メートル

を概算できるので、3倍の「3坪」単位で考えるほうがわかりやすいということです。つまり、

$$（平方メートル数）＝坪数 \times \frac{10}{3}$$

という計算ができますね。この場合は27坪なので、

$$27 \times 3.3 ≒ 27 \times \left(\frac{10}{3}\right)$$
$$= 27 \div 3 \times 10$$
$$= 90$$

となり、27坪の土地はおよそ90平方メートルになります。

あとは小学校・中学校で習った算数・数学を思い出してください。正方形の土地の１辺を x メートルとすると、その面積は x^2 メートルとなります。すなわち、

$$x^2 = 90$$
$$x = \sqrt{90}$$
$$= 3\sqrt{10}$$

よって、１辺が $3\sqrt{10}$ メートルの正方形の土地に相当します。

ここで $\sqrt{}$ についての説明をしておきます。$\sqrt{}$ とは

「２乗すると、$\sqrt{}$ の中の数になる」数のことです。

つまり、$\sqrt{10}$ というのは、２乗したら 10 になる、という数を指します。

ところで、$\sqrt{10}$ というのはなかなかピンと来ません。実は $\sqrt{}$ の計算には、その大まかな値が語呂あわせで広まっていますので、それを使うと便利です。

$\sqrt{1} = 1$

$\sqrt{2} = 1.41421356$ （一夜一夜にひとみごろ）

$\sqrt{3} = 1.7320508$ （人並みにおごれや）

$\sqrt{4} = 2$

$\sqrt{5} = 2.2360679$ （富士山麓オーム鳴く）

$\sqrt{6} = 2.44949$ （似よよくよく）

$\sqrt{7} = 2.64575$ （菜に虫いない）

$\sqrt{8} = 2.8284271$ （ニヤニヤ呼ぶない）

$\sqrt{9} = 3$

$\sqrt{10} = 3.1622$ （一丸は三色にならぶ））

すなわち、この問題の場合は

$$3\sqrt{10} = 3 \times 3.1622$$
$$= 9.4866$$
$$\fallingdotseq 9.5$$

よって、大体 1 辺が 9.5 メートルの正方形の土地に相当するということが分かります。

もう1問、逆のパターンの問題を考えてみましょう。

1辺が5mの正方形の部屋は、大体何坪になりますか？
この場合は、平方メートルを坪に変換するので、前の問題と反対の作業を行うことになります。
すなわち、10平方メートルが3坪にあたるので、
5×5＝25平方メートルから次の計算をします。

$$25 \times 3.3 \fallingdotseq 25 \times (3 \div 10)$$
$$= 75 \div 10$$
$$= 7.5$$

つまり、7.5坪ほどということになります。

もう一度まとめましょう。

坪→平方メートルの変換は、
坪数を3で割ってから10をかける。
平方メートル→坪の変換は、
平方メートルに3をかけてから10で割る。

坪数を正方形の1辺で表したいときは、√のある程度の値を語呂合わせで覚えておくと便利ですよ。

練習問題

44 150坪の土地があります。大体1辺が何メートルの正方形に相当するでしょう？

45 1辺が12mの部屋があります。大体何坪でしょう？

練 習 問 題 の 答 え

42 **A**　52分＋（5分4秒）＝57分04秒

B　1曲目 5分18秒　〇〇
　　　2曲目 5分53秒　〇〇〇〇〇
　　　3曲目 5分45秒　〇〇〇〇〇
　　　4曲目 4分02秒
　　　5曲目 4分21秒　〇〇
　　　6曲目 4分37秒　〇〇〇〇
　　　7曲目 5分43秒　〇〇〇〇
　　　8曲目 6分05秒
　　　9曲目 5分26秒　〇〇〇
　　10曲目 5分34秒　〇〇〇
　　11曲目 4分20秒　〇〇

10秒をまんじゅう1個と換算すると、

52分＋まんじゅう30個なので

合計時間はおよそ57分。

43

・7800円を8000円と考えて、
　大体1000円お得。

・24500円を24000円と考えて、
　大体3000円お得。

・42800円を45000円と考えて、
　大体7500円お得。

・64000円を66000円と考えて、
　大体11000円お得。

練習問題の答え

44
$150 \times 10 \div 3 = 500$ 平方メートル
$$500 = 10\sqrt{5}$$
$$= 10 \times 2.2360679$$
$$\fallingdotseq 22.4$$
1辺は大体22.4メートルに相当する。

45
$12 \times 12 \div 10 \times 3 = 43.2$
およそ43坪。

Column

ギャンブルについて考えてみよう

「気分転換に、ギャンブルをしてみたい。でも、のめり込んで破産したりするのも怖いし…」と考える読者は意外と多いのではないでしょうか？

そこで、ここではいくつかのギャンブルについて「暗算力」で考えてみたいと思います。

まず、「還元率」を考える必要があります。簡単に説明すると、ギャンブルに投資したときに平均していくら位のお金が返ってくるのかということです。次のようなゲームで考えてみましょう。

- 2人で100円ずつ出し合い、勝負がつくまでじゃんけんをする。
- 勝った側は、2人が出し合った200円をもらうことができる。

この場合、200円を2人で分け合うことになるので、理論上は100円の投資をして平均的に100円が戻ってきます。投資金額が全額戻るので還元率100%と呼びます。

では、次のゲームの還元率はいくらでしょう？

・2人で100円ずつ出し合い、勝負がつくまでじゃんけんする。
・勝った側は180円もらい、残り20円を貯金箱に入れる。

　この場合、2人が出した200円のうち20円が貯金箱に入り、残り180円を2人で分け合うことになります。
　すると、理論的には100円の投資をして90円が戻るので、還元率は90%になります。
　つまり、このゲームをすればするほど、貯金箱にお金がどんどん貯まる仕組みになります。

　このように、還元率を考えるとそれぞれのギャンブルの実態がよく見えてきます。

Column

【公営ギャンブル】

　日本国内の公営ギャンブルには競馬、競輪、競艇、オートレースの4種類があり、これらの還元率は約75%とされています。

　言い換えると、投票券を購入して、その売り上げのうち25%は主催者の収益になり、残りの75%を予想が的中した購入者が分け合う、ということになります。

　つまり、100円の投票券を購入する場合、平均的に75円が戻るという計算になります。ちなみにこの25%の中から賞金や運営費用がまかなわれます。

　　還元率＝約75%

【パチンコ・パチスロ】

　名目上、パチンコやパチスロはギャンブルでなく、あくまでも「遊戯」です。お金をパチンコ玉やコインに替え、それらでゲームをした後に、手元に残ったパチンコの玉の数やコインの枚数に応じて賞品が渡されます。それを別の業者が買い取るという仕組みになります。

　ですが、最終的にお金を払ったらお金が戻ってくるので、ここでは「ギャンブル」の１種だと考えましょう。

　もちろんお店によって還元率は違うので一概には言えないのですが、一説によれば、全国のパチンコ・パチスロ屋さんは、目安として20％〜30％のマージンを取っていると考えてよいそうですので、残り約70％〜80％を客どうしが分け合うことになります。つまり、100円で玉やコインを購入し、パチンコやパチスロで遊ぶ場合、大体70円〜80円が戻ってくることになります。

還元率＝70〜80％（推定）

【宝くじ】

　販売地域ごとに名称は異なりますが、いわゆる「宝くじ」のことで、法令名は異なるナンバーズやロト6、サッカーくじのtotoも範疇に入れて考えてみましょう。

　ギャンブルの中ではもっとも清潔感がある宝くじですが、実はびっくり、総売上のほぼ半分が主催者の収益で、残り半分が当選者に支払われています。すなわち100円の宝くじ1枚には平均的に50円の価値しかない計算になります。

　その代わり、宝くじには大きな魅力があります。それは「当たると大きい」ということ。競馬やパチンコでも大当たりは存在しますが、100円の紙切れが○億円に化けるのは宝くじだけです。

　また、「努力や研究がそれほど必要でない」というのも宝くじの大きな特徴で、これが宝くじのクリーンなイメージに繋がっているのかもしれません。あくまで「夢を買っている」のだと割り切れればいいのですが、実は還元率がもっとも低いのです。

　　還元率＝約50％

海外にも、カジノをはじめとするさまざまなギャンブルがありますが、ここでは触れません。いずれにせよ、1つだけ言えることは「ギャンブルはそんなに効率がいいものでもない」ということ。

　少し負けても「充分楽しめたからよかった」という気持ちになれれば問題ないわけで、あくまでレクリエーションの一環といったイメージで考えておくのがいいかもしれません。

日曜日

暗算力は世代を越える!?

おじいちゃんの年齢を
ピタリと当てよう

ゆめ子さんは、半年ぶりに親せきの家を訪ねました。お茶をいれてくれた昭和8年生まれのおじいさんは、平成20年には何歳になりますか？

正直なところ、日本固有の「昭和」や「平成」という年号は計算がしづらいので、つい西暦に変換したくなりますが、頭がこんがらがってしまうのも事実です。
　さらに、昭和の激動の時代を生き抜いてこられた方々にとっては、**西暦がどうもなじまない**というのもよく分かります。おそらく昭和の真ん中あたりまでは年号が一般的な時代でしたから「終戦が昭和20年、東京オリンピックが昭和39年…」などというのを覚えてはいても、それを西暦で覚えている人というのは意外と少ないかもしれません。

　一方、最近の教育では西暦を一般に用いるので、社会の授業でも「終戦は1945年、東京オリンピックは1964年」と教わります。ちょっとした**ジェネレーションギャップ**が起きてしまうのです。
「昭和」の中で計算をする場合は、その年の年数だけを用いて計算すればよいのですが、平成になって以降、昭和の中だけの計算をする機会はずいぶんとすくなくなりました。年号をまたぐ計算が増えた分、簡単な計算ではことが足りなくなってきているのです。

そこで、とっておきのコツを紹介しましょう。
次の事実を覚えておくと変換が非常に速くなります。

平成と昭和の年数が等しければ、その差は63年

すなわち、昭和18年生まれの方は平成18年に63歳になるということです。
これはよく考えてみれば分かるのですが、
平成元年＝昭和64年で、
その**翌年の平成2年**を昭和で表すと**65年**にあたります。
すなわち、**65－2＝63年分**の年数のずれが生じます。
このコツを用いると、昭和8年のおじいさんは平成8年に63歳になります。その12年後、平成20年に75歳になるということが分かります。
ちなみに明治や大正も同じ手法で計算ができます。

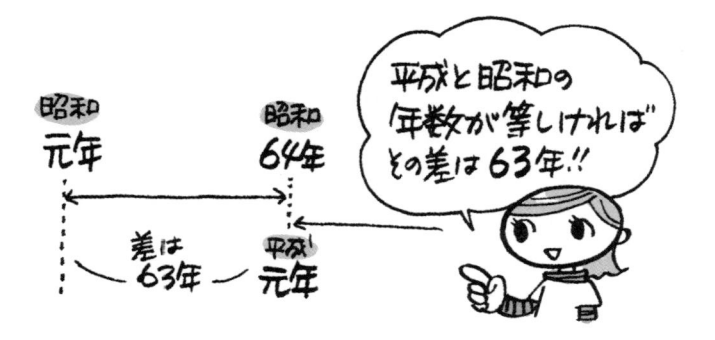

大正15年＝昭和元年なので、昭和と大正の年数が等しければ、その差は14年となります。よって、次の事実が成り立ちます。
　平成と大正の年数が等しければ、その差は

$$63＋14＝77年$$

　つまり、大正8年生まれの人は平成8年に77歳になることが分かります。

　同様に明治45年は大正元年あたるので、明治と大正の年数が等しければ、その差は44年になります。ということは、平成と明治の年数が等しければ、その差は

$$77＋44＝121年$$

　すなわち、明治8年生まれの人は平成8年に121歳になるということです。同じく慶応は…もういいですよね？（笑）

このことを図にして整理してみると、このようになります。

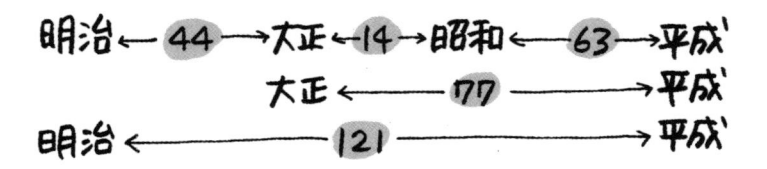

明治 ←44→ 大正 ←14→ 昭和 ←63→ 平成
　　　　　　大正 ←―― 77 ――→ 平成
明治 ←―――― 121 ――――→ 平成

この数字を覚えておくとカンタンね!!

練 習 問 題

46 昭和 50 年生まれの人は平成 20 年には何歳になるでしょう？

47 大正 5 年生まれの人は平成 20 年には何歳になるでしょう？

BMI値を
どう計算する?

身長が158cm、体重が55kgのゆめ子さん。自分のBMI値はいくらぐらいで、標準体重は何kgぐらいでしょう?

ご存じの方も多いと思いますが、BMI値とは

$$\text{BMI値} = \text{体重}_{(kg)} \div (\text{身長}_{(m)})^2$$

で計算される体格指数のことで、例えば158cmで55kgのゆめ子さんの場合、

$$\text{BMI値} = 55 \div (1.58)^2$$
$$\fallingdotseq 22.03 \quad \text{(小数点第2位を四捨五入)}$$

となります。

BMI値というのは、統計的に、最も病気にかかりにくい人のBMI値が22.0前後に多いことが知られています。

また、BMI値はその人がやせているか太っているかの評価にも使うことができ、一般にBMI値18.5以下がやせすぎ、25以上が肥満とされています（日本肥満学会による）。

ですが、この計算が面倒なのです。正直、電卓がないとやる気になりません。

例えば158cmならば、いちいち電卓で

÷ 1 ・ 5 8 ÷ 1 ・ 5 8 ＝

と押さないといけないし、そもそも電卓がいつも手元にあるとは限りません。

そこで考えてもらいたいことがあります。体重はともかく、身長ってそんなにしょっちゅう変わるものでしょうか？
　ＢＭＩ値はあくまで目安と考え、ややこしい計算をぜずもう少し手軽にＢＭＩ値を扱える手法があってもよいのでは、と思いませんか？
　そこで、次の図のようなものを提案しましょう。名づけて「ＢＭＩリボン」です。

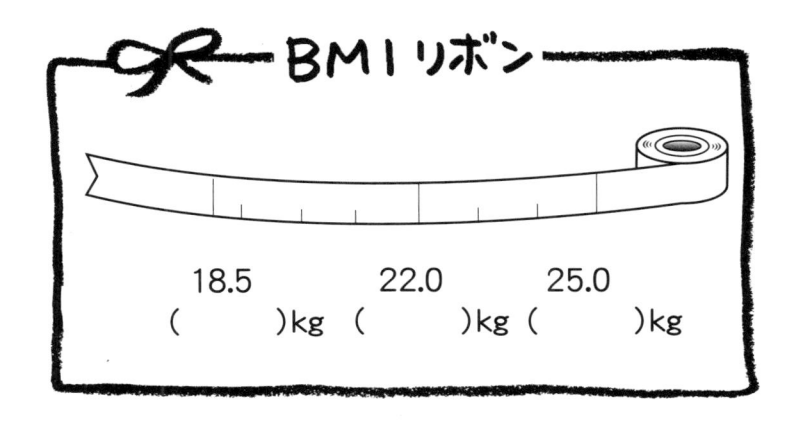

BMIリボン

```
    18.5          22.0         25.0
(       )kg  (       )kg  (       )kg
```

　この上の空欄に、あなたの身長からはじき出した3つの体重を書き込んでみましょう。

　小数第2位は四捨五入して小数第1位までの小数にします。

自分のBMIリボンを作ろう！

身長158cmのゆめ子さんのBMIリボンとは

　ゆめ子さんの身長の2乗×BMIを計算し、やせている、標準、太っている、3つの体重を計算すると

$$1.58 \times 1.58 \times 18.5 \fallingdotseq 46.2$$
$$1.58 \times 1.58 \times 22.0 \fallingdotseq 54.9$$
$$1.58 \times 1.58 \times 25.0 \fallingdotseq 62.4$$

という値になりました。
　BMIリボンにゆめ子さんの体重を書き込むと…

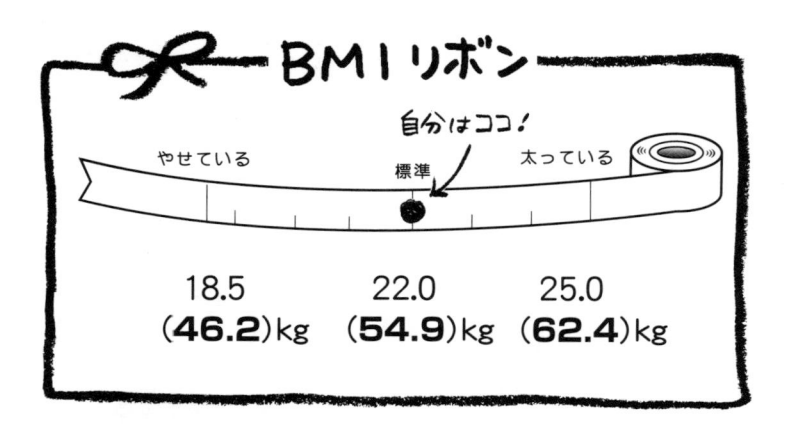

BMIリボン

自分はココ！

やせている　　標準　　太っている

18.5　　　22.0　　　25.0
(46.2)kg　**(54.9)**kg　**(62.4)**kg

ゆめ子さんの友人で身長163cm、56kgののぞみさんのBMIリボンはどうでしょう？

$$1.63 \times 1.63 \times 18.5 ≒ 49.2$$
$$1.63 \times 1.63 \times 22.0 ≒ 58.5$$
$$1.63 \times 1.63 \times 25.0 ≒ 66.4$$

となり、BMI値は

$$56 ÷ (1.63)^2 ≒ 21.1$$

となるので、BMIリボンの中に書き入れると図のようになります。

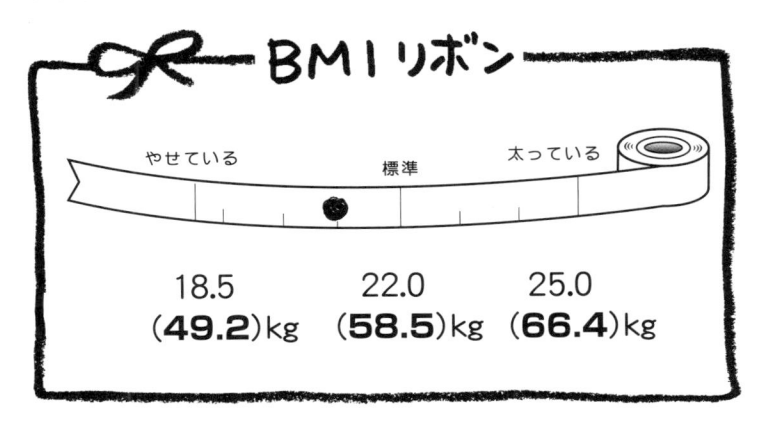

BMIリボン

やせている　標準　太っている

| 18.5 | 22.0 | 25.0 |
| (**49.2**)kg | (**58.5**)kg | (**66.4**)kg |

このBMIリボンを使えば、自分の現在の体重がBMI値でどれぐらいのレベルで、標準体重とどれぐらいの違いがあるのか、一目で分かります。
　無理なダイエットは控えるべきだと思いますが、適度に運動をして食生活にも気をつけ、このBMIリボンを作成することでぜひとも健康的な生活を送っていただければと思います。

ＢＭＩ早見表

身長	18.5	22.0	25.0	身長	18.5	22.0	25.0
150.0	41.6	49.5	56.3	165.5	50.7	60.3	68.5
150.5	41.9	49.8	56.6	166.0	51.0	60.6	68.9
151.0	42.2	50.2	57.0	166.5	51.3	61.0	69.3
151.5	42.5	50.5	57.4	167.0	51.6	61.4	69.7
152.0	42.7	50.8	57.8	167.5	51.9	61.7	70.1
152.5	43.0	51.2	58.1	168.0	52.2	62.1	70.6
153.0	43.3	51.5	58.5	168.5	52.5	62.5	71.0
153.5	43.6	51.8	58.9	169.0	52.8	62.8	71.4
154.0	43.9	52.2	59.3	169.5	53.2	63.2	71.8
154.5	44.2	52.5	59.7	170.0	53.5	63.6	72.3
155.0	44.4	52.9	60.1	170.5	53.8	64.0	72.7
155.5	44.7	53.2	60.5	171.0	54.1	64.3	73.1
156.0	45.0	53.5	60.8	171.5	54.4	64.7	73.5
156.5	45.3	53.9	61.2	172.0	54.7	65.1	74.0
157.0	45.6	54.2	61.6	172.5	55.0	65.5	74.4
157.5	45.9	54.6	62.0	173.0	55.4	65.8	74.8
158.0	46.2	54.9	62.4	173.5	55.7	66.2	75.3
158.5	46.5	55.3	62.8	174.0	56.0	66.6	75.7
159.0	46.8	55.6	63.2	174.5	56.3	67.0	76.1
159.5	47.1	56.0	63.6	175.0	56.7	67.4	76.6
160.0	47.4	56.3	64.0	175.5	57.0	67.8	77.0
160.5	47.7	56.7	64.4	176.0	57.3	68.1	77.4
161.0	48.0	57.0	64.8	176.5	57.6	68.5	77.9
161.5	48.3	57.4	65.2	177.0	58.0	68.9	78.3
162.0	48.6	57.7	65.6	177.5	58.3	69.3	78.8
162.5	48.9	58.1	66.0	178.0	58.6	69.7	79.2
163.0	49.2	58.5	66.4	178.5	58.9	70.1	79.7
163.5	49.5	58.8	66.8	179.0	59.3	70.5	80.1
164.0	49.8	59.2	67.2	179.5	59.6	70.9	80.6
164.5	50.1	59.5	67.7	180.0	59.9	71.3	81.0
165.0	50.4	59.9	68.1	180.5	60.3	71.7	81.5

暗算力は世代を越える！？

練 習 問 題 の 答 え

46 平成50年に63歳になるので、
平成20年には33歳になる。

47 平成5年に77歳になるので、
平成20年には92歳になる。

暗算ゆめ子の1週間 ウキウキ編

月曜日	仕事帰りに買い物（生鮮食品、日用品など）	
	お魚は安かったし、まとめ買いしても予算内に収まった。 2桁のかけ算って便利なのね〜	
火曜日	仕事（残業ナシ♡）	
	暗算って仕事にも使えるのね。 今度のぞみにも教えてあげよっと	
水曜日	寄り道DAY！ 本屋etc.	
	給料日前なのに、予定より2万円もあまっちゃった ハンドバッグを買おうかしら。それとも貯金する…？	
木曜日	のぞみとお茶	
	3ヵ月後はコンサート、夏休みの旅行先も決まって、 イベント続きの夏になりそう…	
金曜日	飲み会！！！	みんなより100円多く出して大感謝され、2軒目では1杯おごってもらった。ラッキー!!
土曜日	買い物に行く	
	ポイント還元で約4000円ゲット！ やっぱりDVDも買おうかしら	
日曜日	自宅でのんびり… ストレッチ、散歩etc.	
	自宅でのんびり　…ストレッチ、散歩、読書 今のBMI値はほぼ標準！ダイエットするほどでもなさそうね	

このように、暗算ゆめ子さんはウキウキな毎日を過ごせる女性に変身したのです。よかったですね！

19 × 19 の 計 算 シ ー ト

	11	12	13	14	15	16	17	18	19		平方	立方
1	11	12	13	14	15	16	17	18	19	1	1	1
2	22	24	26	28	30	32	34	36	38	2	4	8
3	33	36	39	42	45	48	51	54	57	3	9	27
4	44	48	52	56	60	64	68	72	76	4	16	64
5	55	60	65	70	75	80	85	90	95	5	25	125
6	66	72	78	84	90	96	102	108	114	6	36	216
7	77	84	91	98	105	112	119	126	133	7	49	343
8	88	96	104	112	120	128	136	144	152	8	64	512
9	99	108	117	126	135	144	153	162	171	9	81	729
10	110	120	130	140	150	160	170	180	190	10	100	1000
11	121	132	143	154	165	176	187	198	209	11	121	1331
12	132	144	156	168	180	192	204	216	228	12	144	1728
13	143	156	169	182	195	208	221	234	247	13	169	2197
14	154	168	182	196	210	224	238	252	266	14	196	2744
15	165	180	195	210	225	240	255	270	285	15	225	3375
16	176	192	208	224	240	256	272	288	304	16	256	4096
17	187	204	221	238	255	272	289	306	323	17	289	4913
18	198	216	234	252	270	288	306	324	342	18	324	5832
19	209	228	247	266	285	304	323	342	361	19	361	6859

■ 平方根　　■ 覚えると便利な数

	11	12	13	14	15	16	17	18	19
1	11	12	13	14	15	16	17	18	19
2	22								
3	33								
4	44								
5	55								
6	66						102		114
7	77						119		133
8	88		104				136		152
9	99		117				153		171
10	110		130	140			170		190
11			143	154			187		209
12			156	168			204		228
13	143		169	182			221	234	247
14	154		182	196			238	252	266
15	165		195	210			255	270	285
16	176		208	224			272	288	304
17	187		221	238	255	272	289	306	323
18	198		234	252	270	288	306	324	342
19	209	228	247	266	285	304	323	342	361

	平方	立方
1	1	1
2	4	8
3	9	27
4	16	64
5	25	125
6	36	216
7	49	343
8	64	512
9	81	729
10	100	1000
11		1331
12		1728
13	169	2197
14	196	2744
15		3375
16		4096
17	289	4913
18	324	5832
19	361	6859

暗算力は世代を越える!?

鍵本聡（かぎもとさとし）
1966年生まれ。
京都大学理学部卒、奈良先端大（情報科学研究科）博士前期課程修了、工学修士。
現在、関西学院大学、滋賀県立大学非常勤講師。高校教師、大手予備校教師という豊富な経験をもとに2000年春、奈良市内に大学進学塾「がくえん理数進学教室」を設立。
主な著書に『計算力を強くする』『高校数学とっておき勉強法』『理系志望のための高校生活ガイド』（ともに講談社ブルーバックス）、『高校数学 目からウロコの相談塾』（数研出版）、『スピード計算トレーニングドリル』（PHP研究所）などがある。

がくえん理数進学教室　http://www1.kcn.ne.jp/~kagimoto/

大人のための
暗算力
2006年5月25日　第1刷発行

著者／鍵本聡

発行人／蓮見清一
発行所／株式会社 宝島社
〒102-8388 東京都千代田区一番町25番地
電話：営業 03-3234-4621
　　　編集 03-3239-3193
郵便振替　00170-1-170829　（株）宝島社

印刷製本／図書印刷株式会社

本書の無断転載を禁じます。
乱丁・落丁はお取替えいたします。
定価はカバーに印刷してあります。
©2006 Printed in Japan
ISBN 4-7966-5288-4